国家自然科学基金面上项目(52074218)资助
山东省重大科技创新工程项目(2019SDZY0205)资助
陕西省教育厅青年创新团队项目(21JP074)资助

矿井季节性热害预测与降温方法研究

马　砺　易　欣◎著

U0337831

中国矿业大学出版社

·徐州·

内 容 提 要

本书系统研究了季节性高温热害的形成机理,确定了围岩温度场分布及其风流对围岩温度的影响;建立了矿井全风网风温计算模型,提出了相应的解算方法,并对通风降温冷负荷进行了预测;提出了以矿井全风量降温的高温季节性热害治理方法,确定了相应的参数和工艺。

本书可作为普通高等学校安全工程专业师生的参考资料,也可作为煤矿企业从事煤矿安全生产、矿山应急救援的技术和管理人员的参考用书。

图书在版编目(CIP)数据

矿井季节性热害预测与降温方法研究/马砺,易欣
著.—徐州:中国矿业大学出版社,2022.11
ISBN 978 - 7 - 5646 - 5559 - 4

Ⅰ.①矿… Ⅱ.①马… ②易… Ⅲ.①矿井—热害—
防治 Ⅳ.①TD727

中国版本图书馆 CIP 数据核字(2022)第 173755 号

书 名	矿井季节性热害预测与降温方法研究
著 者	马 砺 易 欣
责任编辑	黄本斌
出版发行	中国矿业大学出版社有限责任公司
	(江苏省徐州市解放南路 邮编 221008)
营销热线	(0516)83885370 83884103
出版服务	(0516)83995789 83884920
网 址	http://www.cumtp.com E-mail:cumtpvip@cumtp.com
印 刷	苏州市古得堡数码印刷有限公司
开 本	787 mm×1092 mm 1/16 印张 11.25 字数 288 千字
版次印次	2022 年 11 月第 1 版 2022 年 11 月第 1 次印刷
定 价	48.00 元

(图书出现印装质量问题,本社负责调换)

前　言

矿井热害是继顶板、瓦斯、火、水、粉尘五大灾害之后的第六大灾害,与粉尘、噪声、有毒有害气体,同列为煤矿四大职业危害因素,严重威胁着矿工的生命安全和身体健康。随着矿井开采深度增加,地温增高,围岩温度增加,尤其是夏季地面气温高,导致井下工作地点温度增加,热害程度加剧,现有降温方法均难以满足要求。目前,通过理论分析、实验研究和计算机模拟等可以得到围岩内部温度场变化规律及调热圈影响半径,以及巷道表面与风流之间对流换热系数的计算式,同时井下降温多采用人工制冷水、人工制冰等降温方法和增强通风等非人工制冷降温方法。但是,由于地面高温季节进风温度高引起采掘工作面环境温度升高而形成的季节性热害,对其形成机理和作用机制,以及适用的降温方法,还未有针对性的研究。因此,本书针对矿井季节性热害的形成机理、矿井风温分布规律和矿井季节性热害的治理方法,围绕矿井全风网解算为基础的风流温、湿度预测方法,矿井全风量井口降温工艺等方面展开深入研究,形成适用于矿井季节性热害的治理方法、工艺,为高温矿井季节性热害的治理提供新思路和新方法,对于提高高温矿井劳动生产效率,改善劳动生产环境,保护职工的身体健康等具有重要意义。

本书共分6章。第1章简要介绍了我国高温矿井热害特点与规律;第2章阐述了矿井季节性热害的特征及影响因素;第3章介绍了季节性风温作用下围岩温度场的变化规律;第4章介绍了矿井风温的计算模型;第5章介绍了矿井季节性高温热害降温方法;第6章以工程典型实例为依据,介绍了矿井全风量降温系统工艺设计和运行情况。本书可使读者对深部高温矿井季节性热害的特点、井巷围岩的温度场分布、高温热害的降温方法及其应用形成一定的认识。

由于作者水平有限,书中疏漏之处在所难免,希望广大读者不吝指正!

著　者

2022 年 6 月

目　　录

1 概　　述

1.1　高温热害矿井现状

随着浅部资源的减少甚至枯竭，矿井开采深度逐渐增加，越来越多的矿井将面临严峻的深部开采问题[1]。我国已经探明的煤炭资源中，开采深度在 1 000 m 以下的资源占总储量的 47.4%。我国国有重点煤矿平均开采深度逐年增加，2020 年已达地下 1 200 m 处，见图 1-1。我国开采深度超过 800 m 的矿井已有 200 多处，超过 1 000 m 的已有 47 处，仅山东省就占 21 处[2]。矿井开采进入深部后，普遍存在高温热害的现象[3-4]。每个矿井的地温分布均随深度逐渐变化，由于所处的环境不同，矿井地温梯度变化也不一样。根据深部矿井温度梯度可分为线性、非线性和异常三种典型的深部地温场分布模式[5]。根据我国地温测试资料(图 1-2[6])，在浅部地温往往呈线性变化模式，我国大部分矿井地温场的地温梯度属于线性分布，平均地温梯度为(24.18+3.14) ℃/km；当矿井开采深度超过 800 m 时地温超过 40 ℃，热害问题严重。

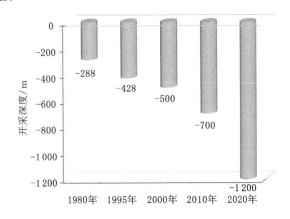

图 1-1　我国国有重点煤矿平均开采深度变化趋势

我国热害矿井重点分布区域有三个[7]，其中：北区(河北、辽宁)，开采深度大于 600 m，典型矿区为沈阳、抚顺；中区(江苏、山东、安徽)，开采深度大于 800 m，是现阶段热害最为严重的矿井的分布区域，夏季地面平均气温大于 32 ℃，典型矿区为徐州、兖州；南区(江西、福建等)，主要由夏季湿热气候造成，典型矿区为萍乡。中东部矿区在开采深度超过 1 000 m 时的原岩温度已超过 40 ℃，相对湿度达到 45%～100%，热害问题日益凸显。开采深度超过 1 000 m 的矿井，其原岩温度超过 40～50 ℃，工作面温度达到 34～36 ℃，大部分矿井进入一级、二级热害区[8]。部分矿井开采深度与工作面温、湿度调查表如表 1-1 所列。

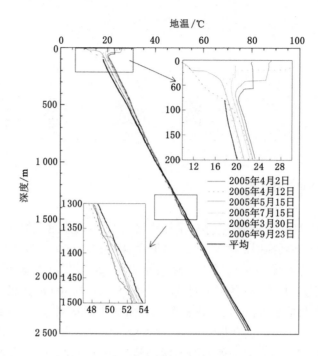

图 1-2　深度与地温的关系曲线[6]

表 1-1　部分矿井开采深度与工作面温、湿度调查表

名称	开采深度/m	工作面干球温度/℃	工作面湿球温度/℃	相对湿度/%	井下作业环境温度/℃	原岩温度/℃	平均温度梯度/(℃/100 m)
平煤四矿	−550	32.0	31.5	96	33	42.0	3.2
平煤五矿	−650	34.0	33.0	96	37	50.0	3.8
平煤六矿	−700	34.0	32.6	90	38	44.1	3.6
平煤八矿	−650	34.0	33.0	93	36	42.0	3.4
平煤十三矿	−670	33.0	32.5	97	35	39.0	3.5
新集一矿	−550	33.0	32.8	98	38	35.2	3.2
东滩煤矿	−710	31.0	29.8	96	36	32.2	2.8
三河尖矿	−736	33.0	32.3	96	35	37.0	2.5
潘三矿	−650	33.2	32.7	96	33	38.0	3.4
济宁二号矿	−820	29.0	28.6	97	32	37.0	2.3
唐口矿	−1 000	32.0	31.5	96	33	36.9	2.2
孙村矿	−1 050	33.0	32.3	95	33	44.9	3.0
梧桐庄矿	−1 200	33.6	32.5	97	35	44.6	2.9
赵楼矿	−950	27.0	26.8	98	32	42.8	2.9

　　由表 1-1 可看出,随着矿井开采深度的增加,其井下作业环境温度均大于或等于 32 ℃,相对湿度均大于或等于 90%,热害问题突出。矿井热害是指井下风速、风流的温/湿度和焓

值达到某一值时,导致井下人员体温调节功能失调、水盐代谢紊乱、血压下降,严重时导致心肌损伤、肾脏功能下降等生理功能改变,并且使人产生热疲劳、中暑、热衰竭、热虚脱、热痉挛、热疹,甚至死亡,同时导致劳动生产率大大降低,事故率增高。

据国内外研究表明,井下作业环境的温度每增加 1 ℃,劳动生产率则下降 6%～8%,矿工劳保医疗费增加 8%～10%,井下机电设备故障率增加 1 倍以上。当井下作业环境温度超过 28 ℃时,事故发生率将增长 20%。另外,通过对日本 7 个矿井的调查结果表明:井下作业环境温度为 30～37 ℃时的事故率比 30 ℃以下时的事故率增加了 1.15～2.13 倍[9]。通过顿涅茨克(苏联)的劳动卫生及职业病研究所的实测研究,得到了温度对劳动生产率的影响[10],温度越高劳动生产率越低,如表 1-2 所列。此外,温度越高,工伤频次越高,如表 1-3 所列。

表 1-2　温度与劳动生产率关系表

风速/(m/s)	相对湿度/%	温度/℃	劳动生产率/%
2	90	25	90
2	90	30	72
2	90	32	62

表 1-3　温度与工伤频次关系表

温度/℃	27	29	31	32
工伤频次/(次/千人)	0	150	300	450

矿井热害是继顶板、瓦斯、火、水、粉尘五大灾害之后的第六大灾害,与粉尘、噪声、有毒有害气体,同列为煤矿四大职业危害,严重威胁着矿工的身体健康和生命安全。因此,高温热害目前及今后会严重制约我国深部煤炭资源的安全开采。其降温理论研究与降温设备研制、矿井风温与工作面热环境参数预测、围岩与风流热湿交换规律研究及热害治理等是一个广泛面临并亟待解决的关键问题,世界各国也都在进行广泛深入的研究。

1.2　热害的成因

地球是个热体,它不断把热量散发到空间,同时又接受太阳的辐射热量而吸热。散热和吸热之间的平衡关系,决定了地壳最上层的温度场。通过研究得出,地壳在地热和太阳辐射热的共同作用下形成了三个垂直分布的温度变化层带,即变温带、恒温带和增温带[11]。因为恒温带多为数十米深,而矿井的开采深度为几百米,甚至千米以上,远远大于恒温带的深度,这样井下围岩表面就会发生放热反应,随着矿井开采深度的增加,地温随之升高。据有关分析资料表明,地温梯度为(2～4) ℃/100 m,可见矿井高温热害的主要成因是井下围岩放热。例如,新汶矿业集团下属的孙村矿,开采深度达 -760 m 以后,原岩平均温度大约为35 ℃,其中有一部分采掘工作面风温大于 30 ℃。当进入下一个工作水平,开采深度为-1 050 m 时,最高原岩温度为 45 ℃,工作面风温为 32～34 ℃[12]。

除了围岩放热之外,有些矿物,如硫化矿,在氧化时也会向外放热。热水型矿井中,在缝隙内流动的热水也会向外放热。同时井下的机电设备、照明设备及人体等也会向外散热,这些也是热害成因之一。井下热害成因的影响程度因地理位置、气候条件、巷道功能和开采深度的不同而不同。

1.3 矿井季节性高温热害

由于煤矿开采深度的不同,受地面气候条件变化的影响,同一矿井不同区域热害现象呈现不同的特征,出现热害的区域呈现季节性的特征,即某些采掘工作面热害主要出现在夏季,而冬季的寒冷气候是天然冷源,很大程度上缓解了井下的高温热害。

矿井季节性高温对井下热环境影响显著。夏季,室外温度较高,相对湿度较大,如兖州矿区,夏季 7—9 月份的地面空气热焓比冬季 1、2 月份的平均高 60 kJ/kg,夏季气候加剧了井下的高温热害。山东济三煤矿开采的东翼采区深度为 −500 m、北翼采区深度为 −600 m、西翼采区深度已达 −700 m,三个采区的热害呈现不同特征:东翼采区在夏季最高风温不超过 26 ℃,全年无热害;北翼采区夏季采掘工作面的最高回风温度达到 28~30 ℃,产生热害,而冬季无热害;西翼采区夏季采掘工作面热害较严重,而冬季热害并不明显。据测温统计分析:夏季,深部采区采煤工作面入口最高风温为 30 ℃,工作面最高风温为 31 ℃,最高回风温度为 34 ℃;冬季,最高回风温度为 29 ℃。

1.4 国内外研究现状

1.4.1 国外研究现状

1.4.1.1 高温热害形成机理研究

高温矿井综放工作面的热量来源较为复杂,在工作面中存在着围岩散热、工作面机械设备散热、采空区涌出热量、人员散热和矿井涌水散热,为研究工作面的温度场分布,首先应该对工作面热源的放热特性进行分析,确定其对工作面环境的影响。在工作面各类热源中,围岩散热和采空区涌出热量是造成工作面温度升高的主要原因,因此相关专家学者对这两部分热源的散热特性进行了研究。

1740 年,法国学者最早在贝尔福地区的金属矿山进行了地温观测。18 世纪末期,英国学者对井巷围岩温度监测和分析,提出了地温随着深度的增加而增加的规律。从 1920 年开始,南非也开始探讨煤矿热力学理论及规律,并在井下进行制冷降温。

1.4.1.2 风流与围岩热湿交换研究

1953 年,苏联的 A. H. 舍尔巴尼等[13]对如何计算围岩的不稳定换热系数提出了比较准确的方法。1955 年,平松良雄建立了井下围岩与风流之间的传热模型,并深入分析了风温与时间的变化关系[14]。

20 世纪 60 年代,随着计算机技术的发展,计算机技术逐渐被应用于风温预测研究中。苏联学者 Б. Н. Медведев 等初步论述了矿井热环境与采矿工程活动的相互作用。德国学者 R. Nottrot 等用数值计算的方法对调热圈温度场进行了描述。与此同时,矿井内部热环境测试技术也进入了实用阶段。南非学者 A. M. Starfield 等[15]分析研究了在湿润条件下的热质交换规律。

到了 20 世纪 80 年代,日本、德国、苏联、美国、保加利亚、捷克、南非等国家的学者,针对煤矿热环境问题进行了许多的研究,研究的重点是对于矿井热环境中的一些热力学参数的研究,如风流与井巷围岩间的不稳定换热系数、当量热导率、显热比及湿度系数等。

1.4.1.3　矿井风温预测模型研究

20 世纪 30 年代开始,C. W. Biccard Jeppe 发表了有关深部矿井中风温预测的 4 篇论文,形成了近代矿井风温计算及预测的基本思想[16]。另外还有一维空间巷道风温预测的谢尔班法、福斯法和平松良雄法。20 世纪 70 年代,矿井热环境的研究有了很大进展,如表 1-4 所列。

表 1-4　20 世纪 70 年代矿井热环境的研究进展[17-20]

时间	学者	相关研究的进展
1971 年	J. Voβ	提出矿井采掘工作面风温计算方法
1974 年	平松良雄	著作《通风学》
1974 年	K. Uchino	深入研究井下风温预测
1975 年	J. Mepqaid	阐述了控制矿井热环境的技术方法
1976 年	K. R. Vost	研究了井巷温度变化规律
1977 年	A. N. Shcherban 等	阐述了如何计算掘进工作面风温

20 世纪 80 年代,风温预测研究方面也有了较大的进展。内野健一、柳本竹一等[21-23]利用差分法得出了不同岩性和巷道断面形状条件下调热圈温度场的分布规律,并对入口风温变化和水分蒸发同时存在情况下的风温计算提出了新方法。天野勋三等建立了井下热环境的工程计算数学模型,实现了程序化计算[24]。M. Inoue 等[25]对复杂边界条件下井巷风流温度、湿度的计算进行了修正。

20 世纪 90 年代以来,风温预测的研究又有了进一步的发展。1993 年,M. J. Mcpherson[26]用传热学理论分析得出了风流和围岩之间对流换热系数计算式。1995 年,S. Nakayama 等[27]分析得出了掘进工作面的风流流动规律,S. Tomita 系统论述了辅助通风条件下工作面的风流特性[28]。1996 年,K. Sasaki 等[29]在理论上分析预测了采用矿井空调后的降温效果。1997 年,A. J. Ross 等[30]对大气流场在快速掘进巷道中的分布进行了规律性研究,V. Kertikov[31]分析研究了独头巷道中风流温度、湿度的分布特性,K. W. Moloney 等[32]应用计算流体动力学原理得到了井巷的风流流动规律。2000 年,J. A. Shonder 等[33]提出了围岩导热系数新的计算方法。2004 年,I. S. Lowndes等[34]对风流与围岩之间对流换热系数及换热特性进行了模拟实验。2008 年,G. Danko 等[35]对井巷壁面的传热、传质现象进行了数值模拟研究。

1.4.1.4　风流温度、湿度计算方法研究

国外学者经过大量的研究工作后,提出了 4 种矿内风流温度、湿度计算方法。

（1）巷道模拟法

运用热力学相似理论,通过模拟巷道,计算出在不同热状况条件下风温的近似值。该方法不仅缩短了实验周期,而且极大地减少了计算量,并且从实验中可以得到一些无法在现场实测的参数。但是,由于实验条件有限,计算结果有较大的误差。

（2）数值模拟法

数值模拟法是根据能量守恒定律建立矿井风流的传热微分方程组，并离散为代数方程组，通过求解得出井下风流传热过程的数值解。该方法可通过计算机进行计算，但是，由于井下围岩不稳定影响因素很多，模拟实际状况有较大难度。

（3）数理统计法

根据大量的实测资料，采用回归、均方、标准差等方法，找出风流经过井巷时，其热状态参数受矿内热环境条件的影响特征，从而建立预测矿内风流热状态参数的数学模型，并得到不同巷道中风温的计算式。南非学者兰勃列希茨对开凿于花岗岩内长 300 m 的 320 条运输巷，进行了包括巷道始、末断面上空气的干、湿球温度，风速，原岩温度，巷道的几何尺寸、倾角、距地面的深度、通风时间和潮湿状况等的实测工作，通过回归分析得出了不同潮湿程度、一定假设条件下巷道的风温模型及其修正系数。苏联学者在观测顿巴斯 40 多个矿井采掘工作面的基础上，得到了工作面的风温计算式。

该方法是根据大量的实测数据，运用数理统计方法提出各类井巷风流热状况参数的计算式，比较符合实际，也较简单。但是，一旦使用条件发生变化，则有较大误差，因此具有局限性。

（4）数学分析法

该方法是以传热学、工程热力学和流体力学理论为基础，根据矿井的实际条件进行数学分析来求解各测点的热力学参数，步骤如下：首先，建立导热微分方程；其次，初始条件及边界条件为实际热力学参数；最后，推导得出矿井风温预测方程式。该方法理论依据比较充足，应用方便、灵活，适用面广，较符合实际情况，并且还可以使计算程序化[36]。国外有以下几种主要计算方法：

① 谢尔班法

苏联学者谢尔班根据巷道的不同通风时间和自然状况，通过求解围岩热传导微分方程，确定了不稳定换热系数的不同计算方法。该方法曾载入苏联的《矿井空调设计手册》，实际计算表明，它也可以应用于我国煤矿风温预测。

② 福斯法

联邦德国埃森矿山研究院福斯教授以风流的等湿加热过程为基础，提出了一套精确预测矿内气候条件的计算公式，但仅适用于干燥巷道。

③ 平松良雄法

日本学者平松良雄以潮湿巷道为基础，基本原理与谢尔班法和福斯法相似，得出了矿内风温预测计算式。

1.4.1.5　降温技术研究

从 100 年前开始，世界各国便对高温矿井进行矿井降温技术研究，大致经历了以下几个阶段。1915 年，巴西莫罗维罗矿构建了世界上首个矿井空调系统，首次将空调安装在矿内，并且建立了地面集中式制冷站。1923 年，英国彭德尔顿煤矿首次将制冷机安置在了采区，以对采煤工作面的风流进行冷却。1924 年，德国 Radlod 煤矿首次在－985 m 深处建立局部制冷站。1929 年，苏联 Morio Aelho 矿首次安装井下集中空调系统。20 世纪 30 年代，南非鲁滨逊矿和巴西莫罗维罗矿采用集中冷却井筒入口风流的方法对井下进行降温。1953 年，洛伯尔格矿最早在井下安置了大型风流冷却设备。20 世纪 60 年代，南非就已使用大型矿井集中式空调对井下风流进行制冷降温。20 世纪 70 年代,以德国为首研发的矿井集中式空调制冷技术将地面集中空调制冷模式及工程应用到深部工程热害控制领域。南非环境工程实验室于 1976 年提出并于 1986 年在南非 Harmony 金矿首次应用水制冷系统,之后在 1989 年实施了冰制冷热害控制技术[37-39]。南非有 44 个金矿均安设了矿井降温用冷冻机,其制冷能力非常强。在 1988 年,南非平均每个金矿制冷量为 11.4 MW,总制冷量超过 500 MW。1986 年,德国 32 个矿井中有 28 个使用空调进行降温,总制冷量为 91.4 MW,1993 年增大到 256 MW。

另外,为了减少岩体向井巷的放热,可以在井巷岩壁上使用新型隔热材料,并要进行有效的支护。例如,苏联、南非等国家研究在高温岩层巷道中使用化学聚氨酯材料进行岩层隔热,隔热效果很好,但是成本也较大。其他有些国家在井巷中进行过保温珍珠岩砂浆等方面的隔热实验,结果表明有一定的隔热效果。

M. Chorowski 等[39]在南非铜矿研究冷热电联产降温技术,对铜矿的能量需求进行了详细分析,提出了较合理的冷热电联产降温技术方案,提高了能量利用效率和能源供应的稳定性及可靠性。

1.4.2　国内研究现状

1.4.2.1　矿井围岩与风流的热湿交换

我国从 20 世纪 50 年代开始研究矿井高温热害机理。煤科总院抚顺分院最早开展了井下热环境参数的观测和井下局部降温试验。1979 年,王英敏[40]主编的《矿井通风与安全》出版。1980 年,杨德源[41]首先提出了矿内风流热力状态预测的基本理论和计算方法。这些使我国矿井热害机理和风流热湿交换过程的研究有了初步进展。之后,中国科学院地质研究所地热室[42]编著的《矿山地热概论》出版,杨德源对矿井风流的热交换进行了研究,黄翰文[43-44]探讨了矿井风温预测,使我国在矿井降温理论方面的研究有了突破性进展。后来又有一些矿井降温理论方面的书籍出版,如余恒昌[45]主编的《矿山地热与热害治理》,严荣林等[46]主编的《矿井空调技术》,赵以蕙[47]主编的《矿井通风与空气调节》,黄元平[48]主编的《矿井通风》,吴中立[49]主编的《矿井通风与安全》等。这些成果都进一步完善了我国矿井热害及降温理论的研究。

高建良等[50-52]应用三维 k-ε 紊流模型描述了压入式局部通风工作面风流的流动过程,对潮湿巷道风流温度及湿度进行了计算,并分析了潮湿巷道风流温度及湿度变化规律。

周西华等[53-55]研究了井巷围岩与风流的不稳定换热过程,通过对矿内风流与巷壁换热过程的理论分析,推导得出了掘进巷道围岩调热圈与掘进时间呈平方根关系变化、不稳定换热系数随掘进时间呈负幂指数变化的规律。

程卫民、张子平等[56-59]建立了围岩与风流辐射换热系数的计算式;利用差分法建立了采煤工作面非均质围岩散热量模型,并计算了采煤工作面风温;探讨了不同风温时工作面降温需冷量与风量之间的关系,并从矿工热舒适条件出发探讨了高温矿井采煤工作面的配风量问题。

侯祺棕等[60]通过分析风流与围岩之间的热湿交换过程,提出了风流温度、湿度预测模型,可以更加准确地计算围岩的散热量。

赵运超等[61]对采掘工作面气流温度场的分布规律进行了数值模拟,得出了工作面的气流温度随送风温度的变化规律。

肖林京等[62]调查了综采工作面热流的主要来源,采用空冷器降温,然后对工作面流场进行了数值模拟,得出了温度场分布的一般规律。

杨伟等[63]为有效利用巷道内排出的热空气,采用分离求解方法,对巷道围岩空气换热系统进行了二维数值模拟,分析得出了巷道空气出口平均温度、巷道围岩与巷道内空气的平均总传热系数、巷道空气平均出口热流密度及风速的变化规律。

刘何清等[64]对巷道热湿交换体系内显热、潜热交换与表面温度、空气状态温湿度的关系进行了分析,将对流质交换系数用对流换热系数的函数关系表示,得出了潜热和全热量的工程简化计算式。

刘冠男、刘星光、衡帅、魏京胜等[65-69]系统研究了煤矿采煤工作面的主要热源及散热机理、采煤工作面风温预测、采煤工作面温度场及流场分布特征和入口风流热力学状态对采煤工作面热环境的影响,以及工作面喷淋雾化降温优化分析等关键问题。

综上所述,我国学者对深部围岩与风流之间传热传质主要进行的是围岩与风流动量交换和能量交换的研究,忽略或大大简化了风流与深部围岩的湿量传递,而风流与围岩的动量传递、能量传递和湿量传递是相互影响的,一方面,由于对流和辐射,热量从热空气传到湿表面,另一方面,湿表面上被蒸发的蒸汽连同它本身所具有的焓一起传递到流动的热空气中,在不同的蒸发速率下,热空气和湿表面之间的热交换及动量交换就有所不同。

1.4.2.2 矿井围岩散热

在矿井围岩与风流热湿交换的过程中,矿井围岩散热是造成风温升高的主要原因之一,受井下工作面采动影响,导致围岩与风流之间的热湿交换过程处于非稳态变化,从而其散热量的计算一直是研究的重点内容。国内专家学者通过理论分析、实验研究和数值模拟等方法进行了研究。王浩[70]根据能量守恒定律和傅里叶定律,建立了巷道围岩温度场数学模型,运用有限体积计算方法对其进行离散分析,并采用消元法求解出了非稳态巷道围岩温度场。董占元[71]对割煤时采煤工作面围岩散热进行了数值模拟研究,通过相似模拟实验验证了采煤工作面围岩散热程序解算结果,建立了采煤工作面围岩散热、落煤散热、采空区热风、其他热源散热与工作面风流多因素耦合作用下采煤工作面风温的预测模型。秦跃平等[72]根据采煤工作面移动边界的特点,建立了动坐标下的围岩导热微分方程,研究了该方程的无因次形式,分析了煤岩平均热物理参数的计算式。杨伟等[73]建立了不同孔隙率和渗透率的多孔介质稳态传热模型,并采用控制体积法对模型进行求解,得出随着倾角的增大,高温边界下部导热增强,煤岩体中央对流换热开始占主要作用,低温边界上部导热减弱。王长彬[74]搭建了围岩传热模拟巷道实验系统,通过多组实验验证了不同围岩温度及不同风量下的巷道模拟进出口温度变化特性,定性、定量分析了围岩传热的机理。张一夫等[75]通过建立贴体坐标系下二维径向围岩非稳态导热的微分方程,利用基于有限体积法的C++模拟程序对围岩温度场进行了模拟,得到了围岩温度场的分布特点。郭平业等[76]对作为岩石有效热导率控制工程岩体温度场分布关键参数的测量方法、影响因素及表征模型进行了归纳总结分析,得出了岩石有效热导率影响因素包括矿物组分、孔隙结构等岩石自身因素和温度、压力等外部环境因素。秦跃平等[77-78]将围岩温度场的导热微分方程及其单值性条件转化为无因次形式,利用二维不稳定导热方程的时间相关基本解建立了边界积分方程,并用边界单元法计算了风流与围岩不稳定换热系数,同时研究了动坐标下的导热微分方程以及有限单元求解方法,最后以FORTRAN语言编制程序进行了实例计算。吴世跃等[79-80]对干燥与潮湿两种状况下巷道围岩壁面温度变化规律、围岩壁面的热交换规律、壁面传热系数以及传质系数等进行了深入的探讨。

1.4.2.3 矿井风温预测研究

热害矿井的降温问题是一项系统工程,在降温过程中首先应当了解矿井降温风流的温度衰减特性,即预测井下风温特征。通过对风温分析与预测,能够确定降温风流在巷道中的作用长度和影响范围,为选择矿井降温设备的布置方法找出一个合理的方案提供科学的依据,并为高温矿井的空调设计、合理配风提供基础数据。因此,风温预测在矿井热害治理的工程实践当中具有十分重要的地位。

井下热源分布不均且空间结构复杂,导致风温的衰减过程具有一定的特殊性,为确定风流的能量损失,改善工作面的降温效果,相关学者开展了一系列的研究工作。刘河清等[81]分析了对流质交换系数、饱和水蒸气压力与温度的函数表达式,将潜热交换量表示成对流换热系数、壁面温度及风流状态露点温度的函数。高建良等[82]采用三维 k-ε 紊流模型模拟了工作面风流与巷道围岩的热湿交换过程,得出了工作面壁面散发显热和潜热随时间的变化规律及其与湿度系数的关系。孙勇等[83]建立了掘进工作面通风的 k-ε 紊流模型,导出了掘进工作面风流紊流流动和温度分布的微分方程,模拟研究了风流与巷道围岩和机械设备散热的热湿交换过程。姬建虎等[84]通过量纲分析法,得出了掘进工作面射流冲击换热系数的关系式,模拟分析了不同风流雷诺数、风筒直径和风筒距工作面距离影响下的换热情况。吴学慧等[85]通过相似理论建立了物理模型,分析了冷风流与完全湿润围岩间的传热与传质过程,研究了风流速度、湿度、温度和围岩岩壁温度等因素对降温控制区内传质及传热的影响。P. Y. Guo 等[86]采用数值方法研究了两种主要通风系统对煤矿工作面风温的影响,建立了围岩与气流的传热模型,对工作面在不同通风方式下的气流与围岩之间的传热进行了分析。

在研究风流与围岩之间热交换作用的基础上,相关学者对通风风流和空冷器出口风流在采掘工作面的环境中的温度变化进行了研究。陈平[87]根据高温采煤工作面降温后的温度变化范围和采煤工作面的热力状况研究了送风器的布置间距和数量。褚召祥等[88]对空冷器与风筒不同组合方式时的采煤工作面降温效果进行了现场试验。姬建虎等[89]对压入式通风条件下风流对综掘工作面换热特性的影响进行了研究,给出了围岩和工作面风流换热关联式的具体形式。亓晓[90]根据矿井风流热湿交换的原理,提出了井巷壁面潮湿度系数概念和井巷末端含湿量及相对湿度的计算方法,并利用已有理论,推导了巷道温度、湿度和风量的计算公式。王志光[91]建立了倾斜巷道和潮湿巷道二维、三维模型,应用有限差分法对巷道围岩温度场进行了数值模拟求解,探讨了各种条件对风流热湿环境的影响,特别是对倾斜巷道和潮湿巷道内热湿环境的影响要素和特征进行了分析。

在确定风温变化规律的基础上,对工作面风温进一步预测能更有效地提高井下降温效率,为降温系统的运行状态调整提供一定的数据支撑[92-93]。马恒等[94]以矿井通风学和热力学为基础,结合网络解算,对矿井风温分布进行了研究,总结了各种类型巷道风温的计算方法,提出了多点风流混合温度计算模型。张素芬等[95]通过建立采煤工作面风温预测模型及编制计算机程序,对采煤工作面多种配风量的回风温度进行了计算。苗德俊等[96]根据工作面允许的进风温度,确定了工作面进风巷空冷器的有效位置,并采用有限元分析方法,建立了空冷器在进风巷不同安装位置下的采煤工作面热力学模型。张培红等[97]利用 Fluent 软件进行了高温矿井热环境数值模拟,测试了不同送风温度、送风风速下的温度场分布,确定了最佳送风参数。Z. Y. Zhou 等[98]模拟分析了 6 种风筒布置方式下的矿井降温效果,并通过分析巷道断面的平均温度、巷道温度的三维分布和整个巷道的速度流线,评估了每个模型的冷却效率。S. Zhu 等[99]建立了超深矿井地下空气通道温度预测模型,在建立该模型时,采用热平衡理论建立了各种地下热源作用下的温度计算方程,提高了预测精度。

在基础的风温预测模型建立后,为提高在矿井开采条件愈加复杂的情况下风温预测的准确性,对不同温度预测模型进行优化改进研究。刘何清[100]针对国内外现有矿井风流热力参数预测方法多为综合各种影响因素,并高度归纳成单一数学表达式的处理方式所存在的弊端,提出了采用多个关联数学模型预测的方法。朱红青等[101]针对现场实践中的困难因素研究了矿井温度变化规律和降温措施,研发了风温预测及效果分析专家系统,并结合开滦地区某矿的实际情况进行了应用。杨胜强[102]推导出适合于高温、高湿矿井的风流运动基本理论方程组,并引入热阻力概念推导出热阻力系数的计算公式。T. Ren 等[103]模拟研究了长距离独头掘进工作面风流的流动分布及其对温度场的影响。P. Gong 等[104]在三维条件下采用数值模拟方法研究了掘进巷道风速与风温的变化情况,同时对掘进巷道的风速进行了实验室测定,最后得到了掘进巷道内的风流分布规律。

1.4.2.4 矿井降温技术

矿井降温技术总体包括人工制冷降温和非人工降温技术两大类。非人工降温技术包括增加风量,采取合理的通风系统与通风方式等,但降温能力小,难以满足需求。由于矿井设计、开拓部署、工作面生产等各个环节都会对矿井风温产生影响,如进行合理的矿井开拓部署,采用合理的通风布局会减少一部分高温热害,对改善采区热环境有重要作用[105-106]。我国淮南九龙岗矿、合山里兰矿、北票台吉矿等先后开展了加大工作面风量进行降温试验,取得了较好的效果[107-109]。开拓方式、降温方式和入风线路长短都会对进入工作面的风流产生影响,若三者均不同,则到达工作面的风温也会不同。一般来说,分区式开拓时入风线路长度较短,从而使风流温升降低[110]。矿井增加风量也可以降低风温,且简单易行,但是它的降温幅度有限,受到了井口进风温度及围岩温度等因素的影响[111]。当井深达到一定深度时,该方法起不到任何作用。

人工制冷降温技术是指利用空气降温系统、热电乙二醇降温系统、冰降温系统、水降温系统、矿井涌水降温系统等进行矿井降温的技术。

(1) 空气降温系统

空气降温系统主要是将空气压缩为液态后输送到井下,压缩空气在井下膨胀后吸热,以达到降温的目的。1993 年,平顶山矿务局(现平煤神马集团)和原 609 研究所联合研制了矿用无氟空气制冷降温机组,该机组在平煤五矿进行了应用[112]。

该降温方式需要矿井具有充足的压缩气源,且由于压缩空气的吸热量有限,降温能力受到限制,对于冷负荷较大的我国深部矿井降温不能适用。

(2) 热电乙二醇降温系统

热电乙二醇降温系统是利用矿井余热,通过溴化锂冷水机组和乙二醇制冷机组提取低温乙二醇,作为冷源供给井下降温。

2007 年,平煤四矿利用焦炉煤气发电后烟气余热和坑口电厂余热,建成热电乙二醇降温系统,实施降温后,采煤工作面温度下降了 7~8 ℃,掘进工作面迎头温度最高下降了 8.8 ℃,相对湿度由 98% 下降到 80% 左右[113]。2008 年,平煤十一矿建成了国内最大的热电乙二醇降温系统,总制冷量为 12 MW,并于 2009 年 6 月投入运行[112]。热电乙二醇降温系统能充分利用瓦斯电厂及矸石电厂余热,因此适用于有余热可利用的矿井,但系统冷量提取较小,设备操作较复杂。

（3）冰降温系统

冰降温系统根据制取冰的形态不同,可分为冰块降温、片冰降温和冰浆降温三种形式的降温系统。1992 年,平煤八矿实施了冰块降温系统,采掘工作面降温 4～6 ℃,但运冰不方便,且成本高[112]。片冰降温系统在我国新汶孙村煤矿及神火泉店煤矿等得到了较好的应用[112,114-115]。制取冰块和片冰需要的蒸发温度在－25 ℃以下,且制取过程中由水变成冰,再由冰变成水,能量浪费大,效率低,而且在运行过程中冰堵严重,维护费用高,因此已经逐步淘汰冰块机和片冰机,取而代之的是冰浆机。冰浆降温系统于 2007 年在平煤六矿综采工作面应用,实施降温措施后,工作面环境温度最高降低 6.9 ℃[112]。

（4）水降温系统

根据制冷站所在位置的不同,深井常用的水降温系统分为井上集中式水降温系统和井下集中式水降温系统。新汶孙村煤矿于 1992 年设计了井上集中式水降温系统,设计为－1 000 m 水平开采时 4 个采煤工作面、16 个掘进工作面服务,但 1995 年试运行后,因各方面原因一直未再运行[112]。

1987 年,新汶矿务局（现新汶矿业集团）设计了我国第一个井下集中式水降温系统,制冷能力为 2 326 kW[112]。2002 年,新汶孙村煤矿把井下集中式水降温系统用于采煤工作面,干球平均温度降幅为 2.95 ℃[116]。2008 年,巨野矿区赵楼煤矿应用了井下集中式水降温系统,通过现场实测,1302 工作面干球温度降为 26.4 ℃,相对湿度为 85%,其他工作面的温度也降为 27 ℃左右,相对湿度保持在 86%左右[117]。

（5）矿井涌水降温系统

何满潮等[118-119]建成了我国第一个控制深井热害的深部科学与工程实验室（DUSEL）,提出了以矿井涌水作为冷源的深井降温模式,研发了 HEMS（high temperature exchange machinery system,高温交换机械系统）的成套降温技术与装备,运用提取出的冷量与工作面高温空气进行换热作用,降低工作面的环境温度及湿度。2007 年,在徐矿集团夹河煤矿建立了降温系统并做了相关研究,验证了该系统可使工作面温度降低 4～6 ℃,相对湿度降低 5%～10%,最高温度可控制在 28～29 ℃。该系统还在徐州矿区、湖南资兴矿业集团周源山煤矿等地得到了应用[120-121]。

（6）其他降温系统

为了使深井降温系统向节能环保方向发展,赵楼煤矿将蒸发冷却技术应用于矿井降温,并且经过理论计算和现场实际测量,表明该方法可以较好地解决基建矿井的热害问题[122]。用热管技术输送冷媒的方法是将中央制冷站设在地表,热管的冷凝热由中央制冷机排出,而热管的蒸发器设于井下,用于制取井下降温用的冷媒水[123]。王景刚、乔华等[124-126]对深井降温系统及融冰技术进行了比较深入的研究。

郭平业等[127]提出热害作为一种地热能的形式可以有效利用,以张双楼煤矿为例,进行了热害资源化利用技术研究。何满潮等[128-129]结合高温水源热泵技术直接以浅层地下水为热源,实现了冬季供暖和夏季制冷的需求,提出了深部地层储能技术与水源热泵联合应用技术。

降温系统的逐渐优化过程中,为了提高降温能量供给的准确性,学者从冷水管网的流量调控方面入手进行了相关研究。冯小平等[130]建立了区域供冷系统管网全局优化设计的数学模型,运用改进的遗传算法对某区域供冷系统管网进行了优化设计。魏庆丰[131]采用电动调节阀用于管网水力平衡,并在换热机组中应用检验其效果。旷金国等[132]提出了区域供冷系统外管网冷量损失分析方法,并对区域供冷系统外管网运行数据进行了分析。郎贵明等[133]基于用户流量控制的二次管网平衡调节解决了供热管网热力失调问题,实现了节能降耗,同时提高了整个工程项目供热质量,降低了运行成本。陈欣然等[134]对分区计量体系下供水管网建模节点流量分配方法进行了研究,并验证了该分配方法的合理性和有效性。X. P. Feng 等[135]对全空气制冷供暖系统运行效果进行了检验,得出该系统不仅可以降低矿井温度、改善矿井环境,还可以满足供热(防冻)、矿山洗浴和地面建筑供暖需求。J. G. Wang 等[136]提出了深井涡流管冷却方案,对涡流管冷却进行了可行性分析,证明了深井涡流管可以满足冷却需求,具有较好的经济效益,同时具有较高的能源效益和环境效益。C. Zhang 等[137]建立了描述喷雾与气流相互作用的数学模型,并对模型的准确性进行了验证,同时详细研究了不同温度下喷嘴的温度分布规律。J. Zhao 等[138]建立了矿井冷却系统综合评价指标体系,应用层次分析和模糊综合评价相结合的方法,对煤矿具体工作面冷却效果进行了综合评价,并根据评价结果提出了管理建议。

1.5 季节性热害防治亟待解决的问题和发展趋势

国内外许多专家学者和工程技术人员对矿井高温热害降温技术及防治理论进行了研究,并取得了巨大的成绩。比如在矿井空气热力参数预测方面,已经建立了很多预测模型,包括经验统计模型、理论分析模型、实验研究模型、计算机模拟模型等。在巷道围岩与风流之间传热理论方面,得出了围岩内部温度场变化规律及调热圈影响半径,推导了有关围岩不稳定换热系数的多个数学关系式和巷道表面与风流之间对流换热系数的计算式。在矿井热害防治方面,通过试验,提出了人工制冷水、人工制冰等人工制冷降温方法和增强通风等非人工制冷降温方法。虽然关于高温矿井热害防治理论及技术的研究已经很多,但还存在如下尚需解决的问题:

(1) 目前,国内外学者根据矿井热害的来源,把矿井热害分为正常地热增温型、岩温地热异常型、热水地热异常型及碳、硫化物氧化热型等 4 种类型。但未考虑由于地面高温季进风温度高引起采掘工作面环境温度升高而形成的季节性热害。

(2) 矿井风温受围岩温度、热水等很多因素影响,国内外学者对调热圈、围岩内部温度周期性变化、围岩与风流热湿交换等规律及理论进行了深入的研究,但对于矿井季节性热害形成的原因和机制还有待进一步研究。

(3) 矿井风温预测是掌握风温分布和热害治理的依据,国内外学者从传热学理论及工程热力学等方面研究并建立了风温预测理论和模型,对矿井风温预测起到了很好的作用。但由于矿井环境复杂,受井巷淋水系数、涌水温度、潮湿程度、不稳定换热系数、煤矸石散热系数、显热比等难以准确确定的因素影响,造成理论算法在工程设计中难以应用,且误差较大。因此,十分需要研究简便、易行,同时又能满足工程实践应用的风温预测方法。

(4) 在现有研究成果中,针对单独一段巷道,如井筒、斜巷、水平巷道、机电硐室、掘进工作面与采煤工作面等都建立了风温数学模型。但必须已知每段巷道入口风温并且需要大量查阅资料。由于实际中无法准确获取巷道入口风温,对于在矿井设计阶段、建井期间及生产期间风温及需冷量的计算和供冷量的实际耗散分布情况等无法得到满意的结果。

(5)没有考虑风温与风量分配的相互影响。风量是预测风温与计算需冷量的关键数据,现有模型中认为风量已知,而风流与围岩之间进行的热质交换过程将影响风量分配,风量的分配又影响到风温变化,即未实现全风网下的风温预测。

(6)根据输送冷媒种类和制冷机组的位置不同,分别研究形成了较为完善的矿井热害治理技术体系,形成了系列制冷降温技术体系。井下集中式水降温系统投资大,工艺复杂,维护费高,仅适用于热害严重的矿井;局部降温系统功率小,排热困难,适用于局部采掘巷道和硐室;但以上技术均不适合于矿井季节性热害的治理。

综上所述,需要将矿井季节性热害形成机理与矿井热害治理方法相结合,研究高温矿井风温分布规律,提出适用于矿井季节性热害的治理方法,并研究与之相适应的工艺及配套装备,最终形成适用于矿井季节性热害的治理方法和工艺,为高温矿井季节性热害的治理提供新思路和方法,提高劳动生产效率,改善劳动生产环境,保护职工的身体健康。

1.6　本书主要结构体系

矿井季节性热害受地面风温和风流与围岩之间的热湿交换影响,造成井下风温的非稳态变化。本书采用理论分析、数值分析与现场工程实践相结合的研究方法,通过分析矿井季节性热害特征及其影响因素,研究围岩调热圈对季节性热害所产生的作用;以传热、传质学和工程热力学理论为基础,根据风流与围岩热湿交换理论,研究围岩温度场分布及风流对围岩温度的影响;在单一巷道温度预测模型基础上,结合矿井巷道网络结构,建立矿井全风网风温计算模型,并开发相应的解算软件,通过现场观测及理论分析,验证预测模型的准确性,同时对通风降温冷负荷进行预测;提出以矿井全风量降温的高温季节性热害治理方法,确定出相应的参数和工艺,研发出适用于井口集中通风降温的大型空气换热器;在巨野矿区赵楼煤矿进行工程实践应用并检验效果。本书结构体系图如图1-3所示。

(1)矿井季节性热害特征及影响因素

对山东巨野矿区季节性热害的矿井进行调查与测试,分析矿井季节性热害特征及影响因素,掌握地面气候对井下气候的影响规律。

(2)季节性风温下围岩非稳态温度场数值模拟

分析风流与围岩之间的热湿交换过程,探讨井巷围岩温度场与风温的相互作用机制,构建非稳态风温作用下井巷调热圈与风温预测模型,研究相应分析预测方法软件,采用分布式光纤测温系统测试围岩温度场,并与预测结果相对比,最后,基于调热圈温度场研究从地面井口对入井风流实施降温除湿的可行性。

(3)矿井全风网风温计算模型及预测

根据矿井季节性热害的特点,分别建立进风井筒、井下主要通风巷道以及采掘工作面风温预测模型,研究造成风温升高的各类热源及对应风温变化之间的相互影响关系。结合矿井巷道的热湿交换特点,对井口风温、原岩温度、固定热源(或冷源)、井巷参数、矿井需风量(或风机参数)等参数,建立以矿井全风网解算为基础的风温、湿度预测模型。基于

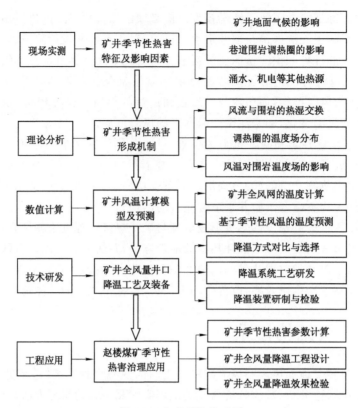

图 1-3　本书结构体系图

ObjectARX平台开发了井下巷道风温、湿度计算的预测软件，对全风网风温、湿度、自然风压进行预测，为矿井季节性高温热害的需冷量计算提供依据。

（4）矿井季节性热害降温方法及工艺研究

结合矿井季节性热害形成机制，提出夏季采用矿井全风量降温的方法，研究与之相适应的工艺，开发井口降温的大风量无动力空气换热器，研究井口房的密闭方法，减少矿井漏风，实现矿井全风量降温。

（5）矿井季节性高温热害治理工程实践

通过对山东巨野矿区赵楼煤矿高温季节性热害分析，计算矿井所需冷负荷，设计和布置地面集中式制冷系统，实测机组运行状况。通过对比矿井全风量制冷降温前后的空气状态参数变化，分析热害治理效果及其经济性，解决该矿井季节性热害治理的难题。

2 矿井季节性热害的特征、影响因素及对井下环境的影响

矿井风流在巷道流动过程中受地热、机电设备放热及其他热源因素的影响导致温度升高,致使采掘工作面环境温度升高。由于地面气候条件变化的影响,矿井采掘工作面常在夏季气温高时出现热害或者热害加剧现象。本章提出了矿井季节性热害定义,分析了矿井季节性热害的特征及影响因素,通过现场观测分析了地面气候对井下气候的影响规律,确定了进风线路和回风线路气候变化特点。

2.1 矿井季节性热害的特征

在矿井热环境中,能够对风流加热(或吸热)的载热体称为矿井热源,它是矿井热害划分的主要依据,其主要受地温赋存状态、大气环境和开采技术等因素影响。矿井热害的类型主要分为正常地热增温型、岩温地热异常型、热水地热异常型及碳、硫化物氧化热型。但矿井热害的影响因素很多,特别是受到地面气候变化、开采深度、开采强度等综合性因素影响,因此,应考虑各因素之间相互影响关系来确定矿井热害的类型。

2.1.1 矿井季节性热害的定义

随着矿井开采深度的不断增加,围岩散热是引起井下巷道中风温升高的主要因素。而原岩温度升高导致围岩对风流的热调节作用降低,在高温季节时,由于地面进风温度高,所带入热量不能全部被围岩吸收,风流在流经井巷到达采掘工作面时,造成井下环境温度升高而形成热害或热害加剧,呈现明显的季节性特征,本书称之为矿井季节性热害。

对于不同矿井而言,井下作业场所由于受到高温气候的影响而形成了不同程度的热害。对于开采深度较浅、原岩温度不高的矿井,冬季时,风流从井口进入经过井筒、大巷时有大量冷量被蓄在调热圈内,到夏季时与风流进行热交换,将风温调节至 26 ℃以内,即调热圈的滞后作用起到"削峰填谷"的作用,因此井下作业场所不存在热害。对于开采深度较深、原岩温度较高的矿井,在季节性高温时,尽管调热圈将风温降低,但是不能完全消除风温的影响,使得工作面环境温度过高,而其他季节采掘工作面温度适宜。

2.1.2 矿井季节性热害的表现

受原岩温度、其他热源和季节性高温的共同作用,矿井季节性高温热害主要表现出如下特征(以山东区域煤矿为例说明)。

(1) 对于原岩温度小于 28 ℃的矿井,在夏季时,由于气温高于围岩调热圈的温度,围岩吸热,风温降低,而在冬季时,由于气温低于围岩调热圈的温度,围岩放热,风温升高。因此,多数矿井表现为冬暖夏凉,如兖州煤田的兴隆庄煤矿、鲍店煤矿。

(2) 对于原岩温度在 28~35 ℃的矿井,围岩调热圈的温度也相对较高,其对夏季风温

的调节作用减弱,表现为季节性热害,因此,在夏季时需要进行降温,如济宁煤田的济宁二号煤矿、济宁三号煤矿。

(3)对于原岩温度在 35～42 ℃(不含 35 ℃)的矿井,围岩调热圈对夏季风温的调节作用明显减弱,热害较为严重,表现为除冬季外均需降温,夏季热害严重,如兖州煤田的古城煤矿和济宁煤田的唐口煤矿。

(4)对于原岩温度大于 42 ℃的矿井,井下热害严重,一年四季均需进行降温,特别在夏季时热害更加严重,井下所有地点温度均严重超标,如巨野煤田的赵楼煤矿、龙固煤矿。

2.2 矿井季节性热害的影响因素

矿井季节性热害主要体现在地面某个季节(如夏季)进风温度高导致矿井采掘工作面气温呈现相应季节性变化,主要影响因素有进风井地面气候变化、空气自压缩升温、原岩温度、机电设备散热、矿井热水涌出、煤岩运输散热、地热等,其他因素还可能有矿井开采距离长、风量偏低等。

2.2.1 进风井地面气候变化

地面气温的季节性变化是周期性的,我国最热的时间一般在 7—8 月份,在实际计算中,将这种周期性变化近似地看作是正弦曲线或是余弦曲线,如下式所示:

$$T = T_0 + A_0 \sin(\frac{2\pi\tau}{365} + \varphi_0) \tag{2-1}$$

式中　T ——地面气温,℃;

　　　T_0 ——地面年平均气温,℃;

　　　φ_0 ——周期变化函数的初相位,rad;

　　　τ ——时间,d;

　　　A_0 ——地面气温年波动振幅,℃,可按下式计算:

$$A_0 = \frac{T_{max} - T_{min}}{2} \tag{2-2}$$

式中　T_{max} ——最高月平均气温,℃;

　　　T_{min} ——最低月平均气温,℃。

地面气温周期性变化,使矿井进风路线上的气温也相应地呈现周期性变化[9],随着距进风井井口距离的增加而衰减,并且井下气温的变化在时间上要稍微滞后于地面气温的变化。由于水的汽化潜热远比空气的比热容大得多,所以风流含湿量的年变化要比温度的年变化大得多。

2.2.2 空气自压缩升温

空气沿井巷向下流动时由于重力场作用,位能转换成焓导致温度升高。对于深部矿井来说,空气自压缩引起风流的温升在矿井总热源中所占的比例很大。当风流沿井巷向下流动时,空气的压力值逐渐增大,在压缩过程中释放热量,使矿井温度升高,由于井巷空气自压缩引起的变化值(ΔT)可按下式计算:

$$\Delta T = \frac{(n-1)}{n} \frac{g}{R} \Delta z \tag{2-3}$$

式中　n ——多变指数,对于等温过程,$n = 1.0$,对于绝热过程,$n = 1.4$;

g ——重力加速度，m/s^2；

Δz ——风流在井筒起始点与终点的高差，m；

R ——普适气体常数，对于干空气，$R = 287\ J/(kg \cdot K)$。

绝热情况下，$n = 1.4$，则上式可简化为：

$$\Delta T = \frac{\Delta z}{102.5} \tag{2-4}$$

上式表明，井巷垂直深度每增加 102.5 m，空气由于绝热压缩放热使其温度升高 1 ℃，相反，当风流向上流动时，则又因绝热膨胀，温度降低。实际上，由于井巷空气的含湿量也随着压力的变化而变化，因此热湿交换的热量有时并未考虑压缩放出的热量，实际的温升值与计算值略有差别。

在进风井筒中空气自压缩是主要的热源，由于它所引起的焓增与风量无关，因此，往往成为唯一有意义的热源。在其余的倾斜巷道里，特别是在采煤工作面上，空气自压缩只是诸多热源之一，而且一般是不重要的热源。随着开采深度的增加，空气自压缩所产生的热量还会相应地增大。

2.2.3 原岩温度

原岩温度取决于地温梯度与埋藏深度，地温梯度主要取决于岩石的热导率与大地热流值。当井巷中风流和围岩的岩温存在温差时就会进行热交换，根据温差的正负，热流自风流传向岩体或自围岩传给风流。在深部矿井中，围岩散热的热流值将会相当大，甚至会超过其他热源热流值的总和。

围岩与井下风流的热交换是一个复杂的不稳定换热过程。在采掘过程中，当岩体新暴露出来时，新暴露面的围岩以很快的速度向空气传递热量，随着岩壁逐渐被风流冷却，岩壁向空气的传热就逐渐减少，最后岩壁的温度趋近于空气的温度。由于巷道壁内的热流动是不稳定的，岩体内部温度场的分布、空气的温度也在不断地发生着变化，同时岩石的热物理性质又受到矿物组分、岩石类型、颗粒结构等诸多因素的影响，加之在围岩与井下风流的热交换过程中时常伴随有质交换、巷道形状的不规则以及空气与围岩交界面的复杂性，因此，要精确地计算出围岩传递给井下空气的热量是不可能的。只能做出一些简化的假设条件后，再进行近似地计算[139]。

1953 年，苏联学者舍尔巴尼提出了"围岩不稳定换热系数"的概念，即围岩温度与井巷风流之间温差为 1 ℃时，单位时间从 1 m^2 巷道壁面向空气放出的热量大小[12]。围岩传递给井下空气的热量（Q_r）可按如下的牛顿冷却定律来进行计算：

$$Q_r = K_\tau UL(T_r - T) \tag{2-5}$$

式中 U ——巷道周长，m；

L ——巷道长度，m；

T_r ——巷道始末两端平均原始温度，℃；

T ——流经巷道始末端平均气温，℃；

K_τ ——围岩与风流的不稳定换热系数，$W/(m^2 \cdot ℃)$，可按下式计算：

$$K_\tau = \frac{K(1 + b \cdot \sqrt[4]{Fo})}{0.88\sqrt{a\tau} + \dfrac{K}{\alpha}} \tag{2-6}$$

式中　K——岩石的热导率，W/(m·℃)；

　　　a——岩石的热扩散率，m²/s；

　　　τ——通风时间，s；

　　　b——通风时间系数，当$\tau \leqslant 1$ a时，$b = 0.27$，当$\tau > 1$ a时，$b = 4.00$；

　　　α——围岩与空气的对流换热系数，W/(m²·℃)；

　　　Fo——傅里叶准则数，它是反映非稳态导热过程的无因次时间，其准则关系为：

$$Fo = \frac{a\tau}{r_0^2} \tag{2-7}$$

式中　r_0——巷道水力半径，$r_0 = 0.546\sqrt{S}$，m；

　　　S——巷道断面面积，m²。

对流换热强度用努塞尔准则关系表示，即：

$$Nu = \frac{\alpha r_0}{K_a} \tag{2-8}$$

式中　Nu——努塞尔准则数，其大小反映对流换热的强度；

　　　r_0——巷道水力半径，m；

　　　K_a——空气的热导率，W/(m·℃)。

实验研究表明，对于巷道粗糙度不大的巷道，努塞尔准则数与雷诺数有如下关系：

$$Nu = 0.019\,5\,Re^{0.8} \tag{2-9}$$

式中　Re——雷诺数，$Re = \dfrac{vd}{\nu}$；

　　　v——巷道中的风速，m/s；

　　　ν——空气运动黏度系数，m²/s。

在上面式子中代入温度为25 ℃时的空气运动黏度系数值与空气热导率值，则有：

$$\alpha = 0.426\,\frac{(vU)^{0.8}}{S^{0.2}} \tag{2-10}$$

影响围岩与空气热交换的一个重要因素是岩壁上的水分。水分的存在能够加快这种热交换，因为它降低了空气与岩石交界面的热传导阻力和空气干球温度。

2.2.4　机电设备散热

随着煤矿机械化程度的不断提高，采掘工作面机械的装机容量急剧增大，其中包括：采掘机械、提升运输设备、通风机、灯具及水泵等。

一般说来，机电设备从馈电线路上接受的电能不是做有用功就是转换为热能。就矿井而言，由于动能甚小可以略而不计，所以机电设备所做的有用功是将物料或液体提升到较高的水平，即增大物料或液体的位能。而转换为热能的那部分电能，几乎全部散发到流经设备的风流中。要准确地计算出机电设备的散热量也是很困难的，因为散热量并不是与电动机的功率成正比。某些机电设备的功率，如提升、排水之类，其用于提高位能的那部分功率是不能转化为热的，计算时应予以排除。

机电设备的散热量(Q_j)可按下式计算：

$$Q_j = \frac{\displaystyle\sum_{i=1}^{m} 0.1N_i}{90} \tag{2-11}$$

式中　N_i——第 i 台电机的额定功率,kW;

　　　m——机电设备的台数,台。

2.2.5　矿井热水涌出

一方面,矿内水分蒸发时所需的汽化热,或从空气中吸取,或从围岩中吸取,或兼而有之。每蒸发 1 g 水可吸收 2.45 kJ 的热量,若从空气中吸收这些热量,能使 1 m³ 空气降温 1.9 ℃。

另一方面,矿井地层中如果有高温热泉,或有热水涌出时,由于水温高于岩温,使地温增高,围岩形成局部地温正异常;热水与矿内风流通过热质交换使风流温度升高。如果已知涌水量、水温及涌水在离开某巷段时的水温,那么可用下式计算出该巷段的热水散热量(Q_w),即:

$$Q_w = M_w c_w (T_w - T) \tag{2-12}$$

式中　M_w——涌水量,kg/s;

　　　c_w——涌水的比热容,$c_w = 4.187$ kJ/(kg·℃);

　　　T_w——涌水平均水温,℃;

　　　T——巷段出口平均水温,℃。

除了上面所述的热源外,还有人员散热、煤岩运输散热、煤岩氧化放热、爆破热、照明灯具散热及电缆电线散热等,也会使矿井气温升高。

根据计算,济宁三号矿 $183_上04$ 工作面围岩散热量为 730.26 kW,机电设备散热量为 291.88 kW,采空区散热量为 79.21 kW,人员散热量为 6.88 kW,煤岩运输散热量为 64.20 kW,如图 2-1 所示。由图可知,工作面的热源为围岩散热。

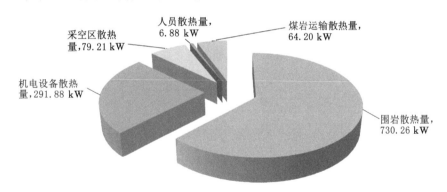

图 2-1　$183_上04$ 工作面各热源散热量分布图

2.3　矿井地面气候对井下气候的影响分析

通过对巨野矿区连续 1 a 观测矿区地面气象参数(温度、湿度、大气压力)和井下通风路线上的气候参数变化,分析矿井地面气候对进风路线、回风路线上的气温影响规律。

2.3.1　观测方法

(1)井巷数据采集测量对象

为了得到影响井下采掘工作面及巷道内气候条件的因素,并进行相应的热源分析,现场数据采集主要的测量对象为：巷段围岩壁面；巷道断面空气；巷道围岩壁面渗水；巷段内采掘机电设备周围空气；采掘机电设备及附属用电设备；采掘工作面喷水；采掘工作面壁面、塌落及运输带中煤块；综采工作面附近采空区壁面及矸石；其他的一些对象。

（2）测量及记录参数

被测对象主要的测量或记录参数分别为：巷道断面尺寸及巷道围岩壁面温度；巷道断面空气的干球温度、相对湿度或湿球温度、流速以及压力分布；围岩壁面渗水温度及水量；综采工作面附近采空区壁面及矸石温度；人员数量，照明灯具分布及数量、功率；等等。

（3）测量仪器与设备

主要测量仪器与设备包括：温度计（精度较高、灵敏、容易观察、进场前需校核）、红外线温度计（防爆、直接测量壁面以及一些其他不容易直接接触面的温度）、干湿球温度计、风速计（精度较高、灵敏）、气压计、量杯（或有刻度的容器）、机械秒表、钳式功率表、米尺、岩壁打眼工具等。

（4）现场数据采集方案

对某一工作面及巷段进行测量，测量时对从进风巷入口至回风巷出口的沿途热力参数进行测定，主要包括：围岩壁面温度、风流状态参数（干球温度、湿球温度、风速及气压）、巷道几何参数、电气设备运行参数及运行状态数据、生产工序及生产环境数据等。

2.3.2 观测路线

分别沿进风井口经 2302S、2301N 工作面通风路线进行测试，测试时间为全年共 365 d 的中班（16 时—24 时）。

2302S 工作面通风路线为：副井室外→副井井口→副井井底→辅一大巷乘车点→辅一大巷（2# 联络巷以北）→二采区边界进风下山（辅一大巷门口）→二采区边界进风下山→2302S 工作面下出口以南 10 m→2302S 工作面下平巷二中车场以北 10 m→二采区边界回风上山（二采区回风瓦检点以下）→南风井底，如图 2-2 所示。

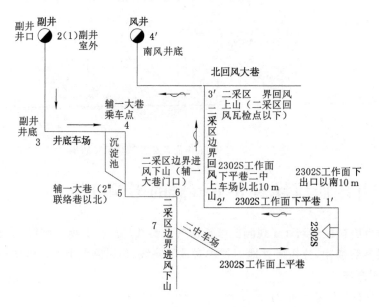

图 2-2 2302S 工作面通风路线

2301N 工作面通风线路:副井室外→副井井口→副井井底→辅一大巷乘车点→辅二大巷(2[#]联络巷以南)→2301N 工作面上平巷 1[#]联络巷以北 10 m→2301N 工作面上平巷风机进风→2301N 工作面上出口以南 10 m→2301N 工作面下出口以南 10 m→2301N 工作面下平巷空冷器前→-700 m 回风大巷 1[#]回风(2[#]联络巷以上),如图 2-3 所示。

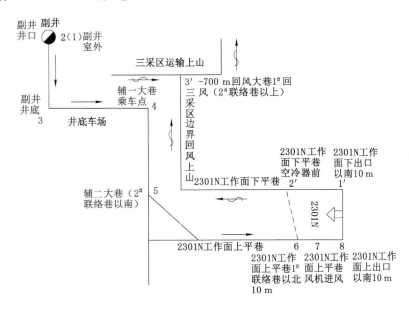

图 2-3 2301N 工作面通风路线

工作面通风路线测点分布如表 2-1 所列。

表 2-1 工作面通风路线测点分布

2302S 工作面通风路线测点分布		2301N 工作面通风路线测点分布	
1	副井室外	1	副井室外
2	副井井口	2	副井井口
3	副井井底	3	副井井底
4	辅一大巷乘车点	4	辅一大巷乘车点
5	辅一大巷(2[#]联络巷以北)	5	辅二大巷(2[#]联络巷以南)
6	二采区边界进风下山(辅一大巷门口)	6	2301N 工作面上平巷 1[#]联络巷以北 10 m
7	二采区边界进风下山	7	2301N 工作面上平巷风机进风
1′	2302S 工作面下出口以南 10 m	8	2301N 工作面上出口以南 10 m
2′	2302S 工作面下平巷二中车场以北 10 m	1′	2301N 工作面下出口以南 10 m
3′	二采区边界回风上山(二采区回风瓦检点以下)	2′	2301N 工作面下平巷空冷器前
4′	南风井底	3′	-700 m 回风大巷 1[#]回风(2[#]联络巷以上)

2.3.3 观测结果分析

2.3.3.1 地面气温变化对井下气温变化的影响

（1）地面日气温变化对井下气温影响规律

一天中地面气温最高的在 14 时左右,最低的在日出前后。通过连续 48 h 观测副井井口气温与井下不同测点气温(图 2-4),发现副井井底(3 号测点)气温和副井井口气温变化相近,距离副井井口越远测点(6 号测点)气温变化越不明显,气温较为稳定。

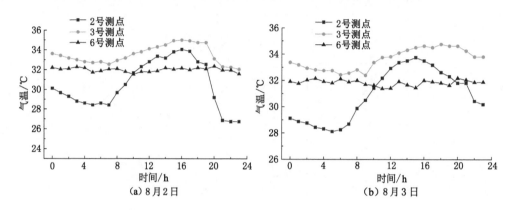

图 2-4 2301N 工作面通风路线测点不同日期气温变化图

为了确定地面日气温与井下测点气温的相关性,采用 SPSS 软件对副井井口气温与井下不同测点气温间的相互关系进行分析,如表 2-2 和表 2-3 所列。结果表明:距副井井口越近测点气温受地面日气温变化的影响越大,而较远测点气温几乎不受影响。

表 2-2 副井井口气温与井下测点气温的相关性(8 月 2 日)

测点	相关系数	相关性
副井井口(2)-副井井底(3)	0.854	相关
副井井口(2)-2301N 工作面上平巷 1#联络巷以北 10 m(6)	0.235	不相关

表 2-3 副井井口气温与井下测点气温的相关性(8 月 3 日)

测点	相关系数	相关性
副井井口(2)-副井井底(3)	0.968	相关
副井井口(2)-2301N 工作面上平巷 1#联络巷以北 10 m(6)	0.085	不相关

（2）地面月气温变化对井下气温影响规律

地面气候一年中 7 月份气温最高,1 月份气温最低。为了掌握最低气温和最高气温对井下气温的影响规律,测定了 1 月份、7 月份副井井口气温与井下不同测点气温,如图 2-5 和图 2-6 所示。不同月份副井井口气温与井下测点气温的相关性如表 2-4 和表 2-5 所列。

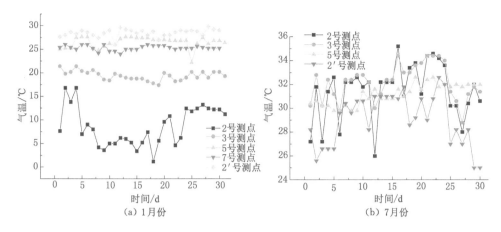

图 2-5　2301N 工作面通风路线测点不同月份气温变化图

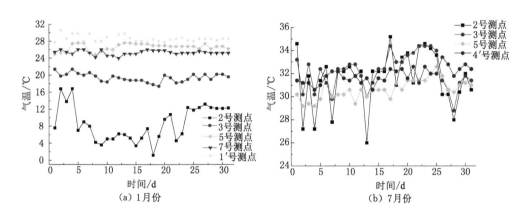

图 2-6　2302S 工作面通风路线测点不同月份气温变化图

表 2-4　副井井口气温与井下测点气温的相关性（1 月份）

测点	相关系数	相关性
副井井口(2)-副井井底(3)	0.553	相关
副井井口(2)-辅一大巷乘车点(4)	0.035	不相关
副井井口(2)-2301N 工作面上平巷风机进风(7)	−0.362	不相关
副井井口(2)-2301N 工作面上出口以南 10 m(8)	0.172	不相关
副井井口(2)-2301N 工作面下平巷空冷器前(2′)	0.220	不相关
副井井口(2)-−700 m 回风大巷 1# 回风(2# 联络巷以上)(3′)	−0.016	不相关
副井井口(2)-辅一大巷(2# 联络巷以北)(5)	−0.112	不相关
副井井口(2)-二采区边界进风下山(7)	0.181	不相关
副井井口(2)-2302S 工作面下出口以南 10 m(1′)	0.325	不相关
副井井口(2)-二采区边界回风上山(二采区回风瓦检点以下)(3′)	0.087	不相关
副井井口(2)-南风井底(4′)	−0.044	不相关

表 2-5　副井井口气温与井下测点气温的相关性(7 月份)

测点	相关系数	相关性
副井井口(2)-副井井底(3)	0.868	相关
副井井口(2)-辅一大巷乘车点(4)	0.714	相关
副井井口(2)-2301N 工作面上平巷风机进风(7)	0.177	不相关
副井井口(2)-2301N 工作面下平巷空冷器前(2′)	0.205	不相关
副井井口(2)-辅一大巷(2# 联络巷以北)(5)	0.434	相关
副井井口(2)-南风井底(4′)	−0.085	不相关

结果表明:风流经过巷道围岩受到加热作用,温度升高,到工作面上端头基本稳定。7 月份气温较高,风流受井筒的加热作用小,经过井下巷道围岩受到降温作用,但效果不明显,工作面上端头风温基本在 30 ℃以上。地面月气温变化对井下气温影响相关性分析表明,1 月份气温低对井下气温影响程度低,而 7 月份气温高对井下气温影响程度高,相关性较好。

(3) 地面季度气温变化对井下气温影响规律

不同季度地面气温变化对井下气温影响较为显著,如图 2-7 和图 2-8 所示。不同季度副井井口气温与井下测点气温的相关性如表 2-6～表 2-9 所列。

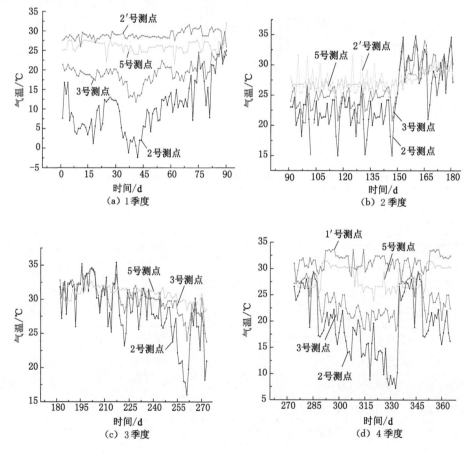

图 2-7　2301N 工作面通风路线测点不同季度气温变化图

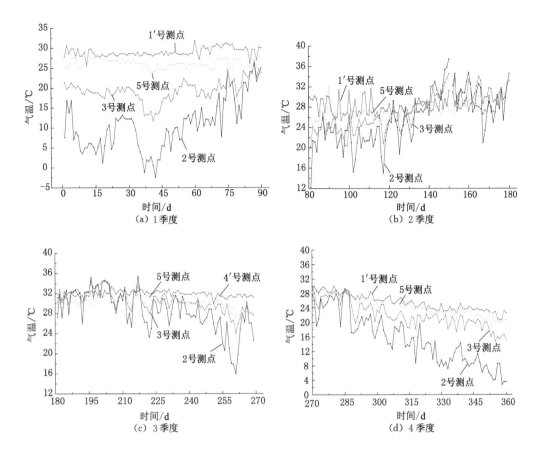

图 2-8 2302S 工作面通风路线测点不同季度气温变化图

表 2-6 副井井口气温与井下测点气温的相关性(1 季度)

测点	相关系数	相关性
副井井口(2)-副井井底(3)	0.834	相关
副井井口(2)-辅一大巷乘车点(4)	0.702	相关
副井井口(2)-2301N 工作面上平巷风机进风(7)	−0.051	不相关
副井井口(2)-2301N 工作面下平巷空冷器前(2′)	0.121	不相关
副井井口(2)-−700 m 回风大巷 1# 回风(2# 联络巷以上)(3′)	0.228	相关
副井井口(2)-辅一大巷(2# 联络巷以北)(5)	0.224	相关
副井井口(2)-二采区边界进风下山(7)	−0.050	不相关
副井井口(2)-2302S 工作面下出口以南 10 m(1′)	0.428	相关
副井井口(2)-2302S 工作面下平巷二中车场以北 10 m(2′)	0.016	不相关
副井井口(2)-二采区边界回风上山(二采区回风瓦检点以下)(3′)	0.229	相关
副井井口(2)-南风井底(4′)	0.257	不相关

表 2-7　副井井口气温与井下测点气温的相关性(2 季度)

测点	相关系数	相关性
副井井口(2)-副井井底(3)	0.832	相关
副井井口(2)-辅一大巷乘车点(4)	0.750	相关
副井井口(2)-2301N 工作面上平巷风机进风(7)	0.281	不相关
副井井口(2)-2301N 工作面下平巷空冷器前(2′)	0.210	不相关
副井井口(2)--700 m 回风大巷 1# 回风(2# 联络巷以上)(3′)	0.220	相关
副井井口(2)-辅一大巷(2# 联络巷以北)(5)	0.449	相关
副井井口(2)-二采区边界进风下山(7)	−0.387	不相关
副井井口(2)-2302S 工作面下出口以南 10 m(1′)	0.273	不相关
副井井口(2)-2302S 工作面下平巷二中车场以北 10 m(2′)	0.391	相关
副井井口(2)-二采区边界回风上山(二采回区风瓦检点以下)(3′)	0.294	相关
副井井口(2)-南风井底(4′)	0.509	相关

表 2-8　副井井口气温与井下测点气温的相关性(3 季度)

测点	相关系数	相关性
副井井口(2)-副井井底(3)	0.924	相关
副井井口(2)-辅一大巷乘车点(4)	0.850	相关
副井井口(2)-2301N 工作面上平巷风机进风(7)	0.197	不相关
副井井口(2)-辅一大巷(2# 联络巷以北)(5)	0.609	相关
副井井口(2)-南风井底(4′)	0.291	不相关

表 2-9　副井井口气温与井下测点气温的相关性(4 季度)

测点	相关系数	相关性
副井井口(2)-副井井底(3)	0.905	相关
副井井口(2)-辅一大巷乘车点(4)	0.907	相关
副井井口(2)-2301N 工作面下出口以南 10 m(1′)	0.452	不相关
副井井口(2)-辅一大巷(2# 联络巷以北)(5)	0.899	相关
副井井口(2)-二采区边界进风下山(辅一大巷门口)(6)	0.895	相关
副井井口(2)-二采区边界进风下山(7)	0.894	不相关
副井井口(2)-2302S 工作面下出口以南 10 m(1′)	−0.780	不相关
副井井口(2)-2302S 工作面下平巷二中车场以北 10 m(2′)	−0.234	不相关

　　研究不同季度地面气温对井下气温的影响,能准确掌握不同季节热害程度和影响规律。春季和冬季地面气温低,风流流经井筒后受到明显加热作用,流经巷道后逐渐加热,温度上升明显,到工作面上端头基本稳定。在夏季和秋季,地面气温高,井筒加热不明显,风温逐渐升高,温升速率慢,到工作面上端基本稳定。通过统计分析发现:相比 1 季度副井井口气温与井下不同测点气温相关性,2、3、4 季度更好。

2.3.3.2 地面气温变化对井下不同区域气温影响规律

(1) 进风路线上各测点气温变化

地面气温变化对井下气温有一定的影响,但随深度增加而逐渐减小,至采掘工作面,其气温变化较小,地面气温变化对距离副井井口越远测点气温的影响越小,如图 2-9 和图 2-10 所示。整年副井井口气温与部分井下进风路线测点气温的相关性如表 2-10 所列。相关性分析表明,一整年中副井井口气温与井下测点气温相关,距离副井井口越远,相关程度越低。

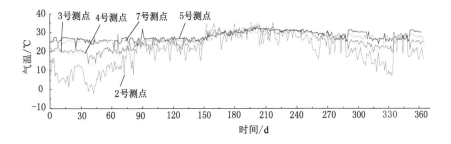

图 2-9 2301N 工作面进风路线各测点与副井井口整年气温变化图

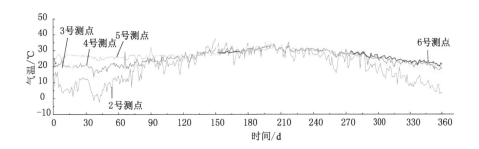

图 2-10 2302S 工作面进风路线各测点与副井井口整年气温变化图

表 2-10 副井井口气温与部分井下测点气温的相关性(整年)

测点	相关系数	相关性
副井井口(2)-副井井底(3)	0.950	相关
副井井口(2)-辅一大巷乘车点(4)	0.923	相关
副井井口(2)-辅一大巷(2♯联络巷以北)(5)	0.755	相关
副井井口(2)-二采区边界进风下山(7)	0.551	相关
副井井口(2)-2302S 工作面下出口以南 10 m(1′)	0.373	相关
副井井口(2)-2302S 工作面下平巷二中车场以北 10 m(2′)	0.409	相关
副井井口(2)-二采区边界回风上山(二采区回风瓦检点以下)(3′)	0.294	相关
副井井口(2)-南风井底(4′)	0.647	相关

(2) 回风路线上各测点气温变化

受工作面下口采掘作业、下平巷制冷机组制冷功率等影响,气温波动比较大。但是,风流经过主要回风路线后温度基本稳定,受气候变化影响较小,湿度均在95%以上(图2-11和图2-12)。整年副井井口气温与部分井下回风路线测点气温的相关性如表2-10所列。

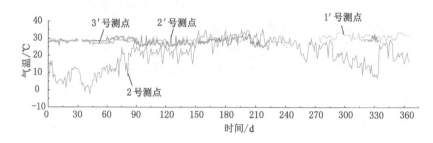

图 2-11　2301N 工作面回风路线各测点与副井井口整年气温变化图

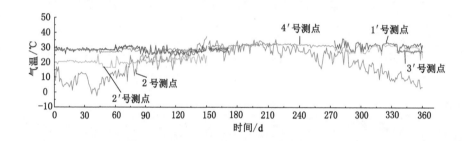

图 2-12　2302S 工作面回风路线各测点与副井井口整年气温变化图

(3) 工作面各测点气温变化

2302S 工作面入口已采用了井下局部降温系统进行降温,工作面作为围岩散热集中区域,散热量远大于其两侧运输平巷与轨道平巷的散热量。2302S 工作面检修、生产期间气温变化图如图 2-13 和图 2-14 所示。由图可知:夏季工作面架前平均气温高于其他各个季节工作面架前平均气温,总体高出 1～3 ℃;工作面生产期间架前平均气温均高于检修期间架前平均气温,受采煤机割煤、移动支架等工序的影响,气温有起伏波动。

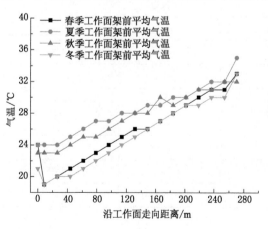

图 2-13　2302S 工作面检修期间气温变化图

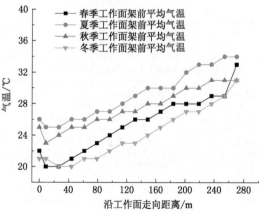

图 2-14　2302S 工作面生产期间气温变化图

2.4 矿井气候对工作面热环境的影响分析

2.4.1 矿井工作面热环境分析

矿井热环境是指煤矿井下的空气温度、湿度及风速等因素综合作用形成的微小气候环境，又称矿井微气候。井下的高温热环境，使得生产效率大幅度下降，严重时会危及人员生命安全。对采煤工作面的热环境进行分析，对营造舒适满意的工作环境，保证人员安全以及高效生产具有重大意义。为深入了解工作面温度场的分布变化规律，以 7302 工作面为例，采用 Fluent 数值模拟软件对工作面的热害现状进行模拟分析，同时改变进风温度，研究风温对工作面热环境的影响。

2.4.1.1 工作面概况

7302 工作面开采煤层为 3 煤层，煤层平均厚度为 6.7 m。工作面的采煤方法为综采放顶煤走向长壁采煤法，工作面面长为 295 m，工作面采高平均为 3.5 m。运输平巷与轨道平巷断面均为梯形，底板宽为 5.8 m，顶板宽为 4.8 m，平均高度为 3.9 m。煤层原岩温度为 37～42 ℃，处于二级热害区域。工作面正常回采期间热害问题严重，回风流温度最高已超过 37 ℃。

7302 工作面采用"U"型通风，为保证工作人员有舒适的工作环境，需要确定合适的配风量。一般来说，采煤工作面空气温度与风速存在对应关系，如表 2-11 所列。

表 2-11 采煤工作面空气温度与风速对应关系表

采煤工作面空气温度/℃	采煤工作面风速/（m/s）
<20	<1.0
20～23	1.0～1.5
23～26	1.5～1.8
26～28	1.8～2.5
28～30	2.5～3.0

根据采煤工作面气象条件计算，采煤工作面最大需风量可由下式求出：

$$Q_采 = 60 \times 70\% u S_1 K_c K_m \tag{2-13}$$

式中　$Q_采$——采煤工作面最大需风量，m^3/min；

　　　60——单位换算产生的系数；

　　　70%——有效通风断面系数；

　　　u——采煤工作面合适风速，m/s；

　　　S_1——采煤工作面有效平均通风断面面积，m^2；

　　　K_c——采煤工作面采高调整系数；

　　　K_m——采煤工作面面长调整系数。

7302 工作面有效平均通风断面面积为 17.5 m^2。矿井使用了井口降温系统和井下集中式降温系统，工作面进风温度预期在 26～28 ℃左右，因此取 $u=1.8$ m/s，$K_c=1.2$，$K_m=1.4$ 对工作面最大需风量进行计算，再结合瓦斯涌出量、二氧化碳涌出量、工人需风量等综合计算,最终确定工作面的需风量为 2 200 m³/min。

2.4.1.2 数值模型建立

选用 Fluent 数值模拟软件。以 7302 工作面为研究对象,在建立数值模型之前,为方便数值计算,进行如下假设:

(1)巷道围岩的材质均匀且围岩各种性质稳定,围岩温度的分布均匀且近似看作原岩温度。

(2)将采煤工作面巷道假设为规则形状,巷道断面简化为矩形,忽略煤层倾角及风流自身重力对工作面流场的作用。

(3)将风流假设为不可压缩流体,风流密度设为常定值,忽略气体黏性力做功,满足连续性方程,满足布辛涅斯克假设。

(4)采煤工作面的散热方式主要考虑围岩与风流的对流换热,忽略围岩、煤壁以及采空区的热辐射作用。

(5)根据本章所研究的工作面实际情况,工作面热源主要考虑围岩散热和机电设备散热,将采空区的氧化散热近似为高温围岩壁,暂不考虑采空区漏风影响。

根据给出的工作面概况及通风现状,建立工作面巷道数值模型。工作面巷道参数如下:工作面长 295 m,宽 5 m,高 3.5 m;进、回风巷道长 30 m,宽 5 m,高 3.5 m;采煤机长 10 m,宽 1 m,高 1.5 m,置于工作面中间且靠近煤壁位置,设为空壳散热体;液压支架宽 1.8 m,高 3.5 m,在工作面内等间距分布,设为流体域。采用 SpaceClaim 软件建立工作面三维模型,如图 2-15 所示。

图 2-15　工作面三维模型图

2.4.1.3　网格划分及边界条件

(1)网格划分

将建立的工作面三维模型导入 ICEM 软件中进行网格划分。因把采煤机设为空壳散热体,故除去其体积后生成 BODY,开始网格生成。网格划分选取六面体网格,其中:巷道及工作面网格尺寸为 0.5×0.5×0.5;在采煤机周边进行加密处理,使网格尺寸设置更精细,为 0.2×0.2×0.25。模型共生成 306 528 个网格,网格质量近似为 1。工作面网格划分如图 2-16 所示。

图 2-16　工作面网格划分

(2)壁面边界条件

工作面热源主要考虑围岩散热和机电设备散热,将采空区氧化散热近似为高温围岩壁,围岩壁面温度根据现场实际测量情况设置。将进风巷壁面设为 WALL-IN,将回风巷壁面设为 WALL-OUT,将工作面顶板、底板分别设为 WALL-UP、WALL-DOWN,将回采壁面设为 WALL-COAL,将采空区壁面设为 WALL-GOAF,将采煤机壁面设为 WALL-MACH,各壁面边界条件参数如表 2-12 所列。

表 2-12　壁面边界条件参数

壁面名称	壁面温度/K	粗糙度/m	粗糙常数
WALL-IN	308.15	0.005	0.5
WALL-OUT	309.15	0.005	0.5
WALL-UP	310.15	0.005	0.5
WALL-DOWN	310.15	0.005	0.5
WALL-COAL	310.65	0.005	0.5
WALL-GOAF	313.15	0.005	0.5
WALL-MACH	315.15	0.005	0.5

此外,模型中围岩体和采煤机固体材料的热导率也对模拟结果有一定影响。根据煤岩导热实验设置煤体材料(coal)的热导率为 0.27 W/(m·K),设置采煤机固体材料(steel)的热导率为 80 W/(m·K)。

（3）进出口边界

入口边界选取风速入口。根据工作面配风量为 2 200 m³/min,结合现场实际测量将进风风速设为 1.73 m/s,进风温度分别选取 28、24、20 ℃,进风流具体参数如表 2-13 所列。

表 2-13　进风流具体参数

风流温度/℃	风速/(m/s)	密度/(kg/m³)	比热容/[kJ/(kg·K)]	热导率/[W/(m·K)]
28、24、20	1.73	1.225	1.006	0.024 2

出口边界选取"outflow",即风流可以自由从出口流出。

能量方程选取 k-ε 湍流模型。湍流动能 k_{in} 和湍流动能耗散率 ε_{in} 不容易直接测定,可以通过紊流动能公式计算:

$$\varepsilon_{in} = k_{in}^{\frac{3}{2}}/0.03 \tag{2-14}$$

为提高残差收敛程度,将残差设为 0.000 01,迭代步数设为 500 步,然后对模型进行初始化,模拟开始运行。

2.4.1.4　工作面热环境数值模拟结果

为研究进风温度对工作面热环境的影响,在进风温度为 28、24、20 ℃三种条件下研究工作面不同截面的温度场、速度场分布变化规律。

（1）进风温度为 28 ℃时

模拟得出进风温度为 28 ℃(301.15 K)时平行于工作面底面(z＝1.5 m)的风速分布云图(图 2-17)、风速矢量分布图(图 2-18)、温度分布云图(图 2-19～图 2-22)、垂直于工作面底面(y＝2.50、71.25、145.00、223.75、302.50 m)的温度分布云图(图 2-23)。

图 2-17 工作面风速分布云图（xOy 平面，$z=1.5$ m，进风温度为 28 ℃）

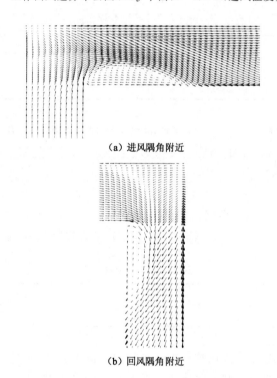

（a）进风隅角附近

（b）回风隅角附近

图 2-18 进、回风隅角附近风速矢量分布图（xOy 平面，$z=1.5$ m，进风温度为 28 ℃）

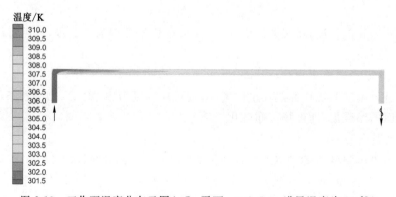

图 2-19 工作面温度分布云图（xOy 平面，$z=1.5$ m，进风温度为 28 ℃）

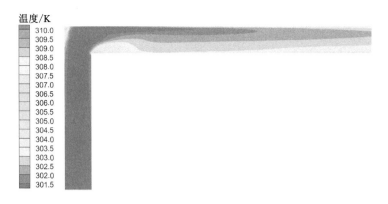

图 2-20　进风隅角附近温度分布云图（xOy 平面，$z=1.5$ m，进风温度为 28 ℃）

图 2-21　回风隅角附近温度分布云图（xOy 平面，$z=1.5$ m，进风温度为 28 ℃）

图 2-22　采煤机附近温度分布云图（xOy 平面，$z=1.5$ m，进风温度为 28 ℃）

由图 2-17 可知，风流主要为附壁流动，风流在工作面的主要区段流动较为稳定，风速在 1.4～2.0 m/s 之间；风速最大为 3.2 m/s，出现在进、回风隅角的位置，且均出现在下风侧；风流在流动过程中受采煤机的阻挡，风速降低。由图 2-18 可知，在进、回风隅角处形成两个风流涡旋，涡旋中心处风速降低，风流流动紊乱。

由图 2-19～图 2-21 可知，当进风温度为 28 ℃时，工作面温度沿风流方向不断上升，进

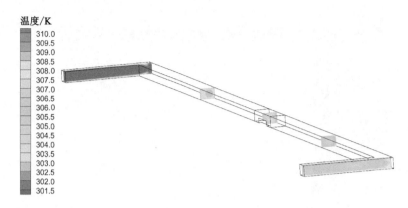

图 2-23　垂直于工作面底面温度分布云图

（xOz 平面，$y=2.50$、71.25、145.00、223.75、302.50 m，进风温度为 28 ℃）

风巷的平均温度在 28.5 ℃左右，工作面的主要区段温度在 29～33 ℃之间，越靠近回风巷位置的温度越高，到回风隅角处形成一个高温区域，最高可达 36 ℃，回风巷道的平均温度在 33.5 ℃左右。这是由于高温壁面与风流之间不断产生对流换热所致，而在回风隅角处，围岩与风流之间热交换不均匀，同时高温风流带来的热量及采空区散出的热量在此聚集，导致温度升高。由图 2-22 可知，采煤机散热导致周围温度升高，表明机械设备放出的热量对工作面热环境有一定的影响。由图 2-23 可知，在同一断面上，靠近围岩壁的温度高于远离围岩壁的温度，整个工作面的温度场分布与截面的温度分布一致，均沿风流方向不断上升。

（2）进风温度为 24 ℃时

模拟得出进风温度为 24 ℃（297.15 K）时平行于工作面底面（$z=1.5$ m）的风速分布云图（图 2-24）、温度分布云图（图 2-25～图 2-28）、垂直于工作面底面（$y=2.50$、71.25、145.00、223.75、302.50 m）的温度分布云图（图 2-29）。

图 2-24　工作面风速分布云图（xOy 平面，$z=1.5$ m，进风温度为 24 ℃）

由图 2-24 可知，进风温度为 24 ℃时工作面主要区段速度仍然在 1.4～2.0 m/s 之间，最大风速为 3.2 m/s，整个截面的速度分布也与进风速度为 28 ℃时的速度分布较为一致，表明工作面速度场的分布与进风温度的关系不大。当进风风速和风量固定时，整个工作面的速度场分布较为稳定。

由图 2-25～图 2-29 可知，当进风温度为 24 ℃时，进风巷的平均温度在 24.5 ℃左右，工

图 2-25 工作面温度分布云图(xOy 平面,$z=1.5$ m,进风温度为 24 ℃)

图 2-26 进风隅角附近温度分布云图(xOy 平面,$z=1.5$ m,进风温度为 24 ℃)

图 2-27 回风隅角附近温度分布云图(xOy 平面,$z=1.5$ m,进风温度为 24 ℃)

图 2-28 采煤机附近温度分布云图(xOy 平面,$z=1.5$ m,进风温度为 24 ℃)

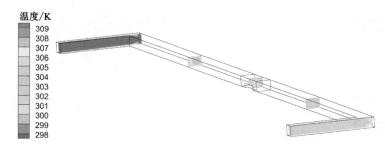

图 2-29　垂直于工作面底面温度分布云图

（xOz 平面，$y=2.50$、71.25、145.00、223.75、302.50 m，进风温度为 24 ℃）

作面的主要区段温度在 25～31 ℃之间，回风巷道的平均温度在 31.5 ℃左右，整体温度场相比进风温度 28 ℃时有较好的反映。靠近进风巷道的工作面区段温度出现了明显的分层现象，靠近工作面中心位置的温度下降得更快，这是由于工作面中心的风流不直接流经围岩壁，对风流的加热效果不明显。同时回风隅角的温度下降到了 34 ℃左右，采煤机附近的温度在 32 ℃左右。由此可知，进风温度为 24 ℃时能使工作面热环境得到改善，但靠近回风隅角处仍需采取措施进一步降温。

（3）进风温度为 20 ℃时

模拟得出进风温度为 20 ℃（293.15 K）时平行于工作面底面（$z=1.5$ m）的温度分布云图（图 2-30～图 2-33），垂直于工作面底面（$y=2.50$、71.25、145.00、223.75、302.50 m）的温度分布云图（图 2-34）。

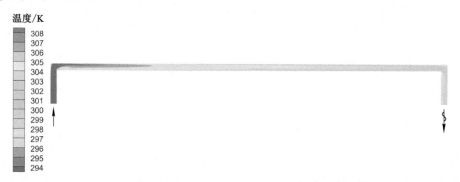

图 2-30　工作面温度分布云图（xOy 平面，$z=1.5$ m，进风温度为 20 ℃）

图 2-31　进风隅角附近温度分布云图（xOy 平面，$z=1.5$ m，进风温度为 20 ℃）

图 2-32 回风隅角附近温度分布云图(xOy 平面,$z=1.5$ m,进风温度为 20 ℃)

图 2-33 采煤机附近温度分布云图(xOy 平面,$z=1.5$ m,进风温度为 20 ℃)

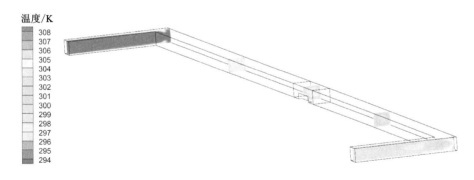

图 2-34 垂直于工作面底面温度分布云图

(xOz 平面,$y=2.50$、71.25、145.00、223.75、302.50 m,进风温度为 20 ℃)

由图 2-30~图 2-34 可知,当进风温度为 20 ℃时,进风巷的平均温度在 20.5 ℃左右,工作面的主要区段温度在 22~28 ℃之间,回风巷道的平均温度在 28.5 ℃左右,回风隅角的温度也下降到了 32 ℃左右。由此表明,风流温度对工作面的热环境有较大的影响,当进风温度降低到 20 ℃后,工作面的热害问题得到一定解决,工作面的温度会下降到人体热舒适的工作温度区间。

2.4.1.5 模拟结果与实测结果对比

为验证模拟结果的科学性和可行性,对三种进风温度条件下,$z=1.5$ m 处的纵向温度进行选点绘图,将模拟结果与实测结果的平均值进行对比分析,如图 2-35 所示。

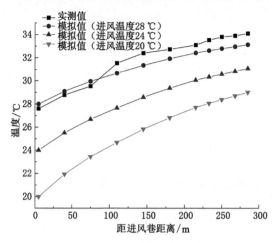

图 2-35 模拟结果与现场实测结果对比图

由图 2-35 可知,进风温度为 28 ℃时的模拟结果与实测结果较吻合,又由于现场实测的进风巷的温度也在 28 ℃左右,同时其他进风条件下的工作面走向温度曲线变化趋势与实测结果曲线相一致,这说明模拟结果是合理且可靠的。

进一步分析可知,当进风温度相同时,距离进风巷小于 100 m 时模拟值略高于实测值,在距离进风巷 100 m 之后,实测值均高于模拟值。这是因为工作面还存在煤的氧化散热、热水散热、人员散热等热源,在短距离内这些热源对风流的加热作用弱,模拟值与实测值误差较小,而在风流长距离的流动过程中,风流不断被加热,同时现场实际情况还受到采空区向工作面漏风散热的影响,导致远离进风巷处的温度均比模拟值要高。

观察三种模拟进风温度条件下的曲线趋势可知,工作面的温度都呈现缓慢上升并逐渐趋于平缓的趋势,这是因为风流在流动过程中与井巷壁面不断摩擦导致风流的能量损失所致。

2.4.2 矿井工作面热环境对人体热舒适的影响

热舒适指人体对客观热环境的主观热反应,人体对热舒适的判断是一个复杂的认知过程,这个过程受环境的物理因素、人体的生理因素和心理因素共同作用。通常来讲,当人体的温度保持在一定小的区间内,皮肤的含湿量较低,同时身体生理调节活动程度最低时,人体达到热舒适状态。矿井工人的热舒适指工人在矿井内作业时,对生产环境微气候的热舒适性感觉。热舒适对工人的工作效率、生理状况以及心理状况都有一定程度的影响。

2.4.2.1 人体热舒适方程

人体热平衡是人体同周围环境间热交换的调节。人体为维持恒定的体温以及保障正常生理活动,必须使自身保持产热量和散热量的平衡。在矿井的复杂工作环境中,人体会维持一定的能量输出来完成工作,这些能量一部分用于做功,还有一部分直接转化为热。为了方便计算,引入人体热平衡方程:

$$M - W - C - R - E - S' = 0 \tag{2-15}$$

式中 M——人体能量代谢率,W/m²;

W——人体对外做功所消耗热量,W/m²;

C——人体表面与周围环境对流换热量，W/m^2；

R——人体表面与周围环境辐射换热量，W/m^2；

E——人体总蒸发散失的热量，W/m^2；

S'——人体蓄热率，W/m^2。

当人体处于热平衡状态下，蓄热率 $S' = 0$，且人体总蒸发散失的热量 E 主要包括皮肤蒸发散热量 E_{sk} 以及人体呼吸散热量，其中人体呼吸散热量主要包括显性散热量 C_{res} 和潜性散热量 E_{res}。因此，可以得出人体热舒适的方程为：

$$M - W - C - R - E_{sk} - C_{res} - E_{res} = 0 \qquad (2\text{-}16)$$

其中，人体表面与周围环境对流换热量 C 的计算表达式为：

$$C = f_{cl} h_c (T_{cl} - T_a) \qquad (2\text{-}17)$$

式中　h_c——对流换热系数，$W/(m^2 \cdot ℃)$；

f_{cl}——服装面积系数；

T_{cl}——服装表面平均温度，℃；

T_a——环境空气温度，℃。

人体表面与周围环境辐射换热量 R 的计算表达式为：

$$R = 3.96 \times 10^{-8} f_{cl} \left[(T_{cl} + 273.15)^4 - (T_r + 273.15)^4 \right] \qquad (2\text{-}18)$$

式中　T_r——环境的平均辐射温度，℃。

皮肤蒸发散热量 E_{sk} 包括汗液蒸发散热量 E_{rsw} 和皮肤扩散所造成的潜热损失 E_{diff}，计算表达式分别如下：

$$E_{rsw} = 0.42 \times (M - W - 58.15) \qquad (2\text{-}19)$$

$$E_{diff} = 3.05 \times (0.256 T_{sk} - 3.373 - P_a) \qquad (2\text{-}20)$$

式中　T_{sk}——人体皮肤温度，℃；

P_a——人体周围水蒸气的压力，Pa。

显性散热量 C_{res} 的计算表达式为：

$$C_{res} = 0.001\,4M(34 - T_a) \qquad (2\text{-}21)$$

潜性散热量 E_{res} 的计算表达式为：

$$E_{res} = 0.017\,3M(5.87 - P_a) \qquad (2\text{-}22)$$

因此，由式(2-16)～式(2-22)可知，人体达到热舒适条件时，必须维持体内热量的平衡，这个过程受人体的劳动强度和外界热环境的影响。

2.4.2.2　井下工人热舒适影响因素分析

矿井热环境人体的舒适程度与 4 个环境因素(矿井的空气温度、空气相对湿度、风流速度、围岩壁面温度)和 2 个人体因素(工人的劳动强度和衣着情况)有关。图 2-36 为井下工人的人体热平衡模型图。

(1) 矿井空气温度

矿井空气温度是影响热舒适的最主要因素，直接影响着人体通过对流以及辐射的热交换。温度升高会使人体排汗量增加，主观热感觉朝热的方向发展，人体可通过自身的冷热感受对热环境的冷热程度做出敏锐判断。一般来说，在井下工作的夏季最佳气温在 24～28 ℃ 范围内，冬季最佳气温在 16～22 ℃ 范围内。要达到人体的热舒适，矿井工作面温度应该控制在 24 ℃ 左右。

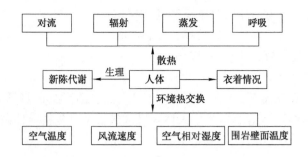

图 2-36 井下工人的人体热平衡模型图

（2）矿井空气相对湿度

矿井空气相对湿度是影响人体热感觉的主要因素，矿井热环境中湿度相比正常室外要大。人体表面的蒸发散热受空气湿度的直接影响，人体舒适度也会发生改变。通常，人体最佳的相对湿度范围是 50%～60%，当气温在 16～25 ℃范围时，相对湿度变化范围为 40%～80%，对人体的热舒适影响较小。而在高温环境下，相对湿度每增加 10%，相当于温度升高 1.0～1.5 ℃。

（3）矿井风流速度

矿井风流速度对人体热舒适有着重要影响，主要是通过对人体的对流散热和蒸发散热的影响来改变人体的热舒适。当环境温度高于人体皮肤温度时，风流速度增大，产生较高对流换热使人体升温，当环境温度低于人体皮肤温度时，则风流速度增大使人体产生散热的现象。

（4）矿井围岩壁面温度

矿井围岩壁面温度影响着矿井环境中平均辐射温度以及传热效能，决定人体与周围环境辐射换热的强度。只要人体表面与周围表面温度不一致，人体和环境之间就会进行辐射换热：当人体表面温度低于周围表面温度时，人体会接受周围的热辐射，产生热感；当人体表面高于周围表面温度时，人体向周围进行辐射换热。一般而言，人体辐射换热量约占人体总散热量的 42%～44%。

（5）工人的劳动强度

工人的劳动强度即人体的新陈代谢率。人体可以通过新陈代谢产生热量，从而维持一定的体温，因而新陈代谢率是影响人体热舒适的重要因素之一。人体新陈代谢受年龄、性别、健康状况、活动量及周围热环境等许多因素的影响。新陈代谢量以单位面积上的量来表示，单位为 met(1 met=58 W/m²)，作为测量人体活动量的基本单位。

（6）工人的衣着情况

与工人的衣着情况最相关的因素是服装热阻，它是指反映服装保温性能的参数，其值与服装热导率成反比，与周围环境温度、风速和人体散热量也有密切关系，单位为 clo(1 clo=0.155 m² · K/W)。

2.4.2.3 基于 PMV-PPD 指标的工人热舒适模拟

根据影响热舒适的环境因素，选取 PMV（predicted mean vote，预测平均热感觉）、PPD（predicted percentage dissatisfied，预测不满意百分率）为研究指标，建立工人热舒适模型，在围岩壁面温度、劳动强度和服装热阻都固定的条件下，分别研究进风温度、相对湿度以及进风速度对工人热舒适的影响。

(1) PMV-PPD 指标及模型建立

PMV 指标表示大多数人对同一环境的预期反映,综合考虑人体热舒适的各种影响因素,根据其计算结果对环境的热效应打分,采用了从 $-3 \sim 0 \sim +3$ 的 7 级热感分度标尺。PPD 指标表示人群对环境的不满意百分率,在 10% 以内的状态为热舒适状态。PMV 的计算式中包含了影响人体热舒适的所有参数,可以比较准确地反映任意热舒适程度,因此可以采用 PMV-PPD 指标来评价采煤工作面热环境。PMV 和 PPD 计算公式如下:

$$PMV = [0.303\exp(-0.036M) + 0.028]\{M - W - 3.05 \times 10^{-3} \times [5\ 733 - 6.99(M - W)$$
$$- P_a] - [0.42(M - W) - 58.15] - 1.7 \times 10^{-5}M(5\ 867 - P_a) - 0.001\ 4(34 - T_a)$$
$$- 3.96 \times 10^{-8}f_{cl}[(T_{cl} + 273.15)^4 - (T_r + 273.15)^4] - f_{cl}h_c(T_{cl} - T_a)\} \quad (2-23)$$

其中,服装面积系数 f_{cl} 有以下表达式:

$$f_{cl} = \begin{cases} 1.00 + 1.290I_{cl} & I_{cl} < 0.078 \\ 1.05 + 0.645I_{cl} & I_{cl} \geqslant 0.078 \end{cases} \quad (2-24)$$

式中 I_{cl}——服装热阻,$m^2 \cdot K/W$。

$$PPD = 100 - 95\exp[-(0.033\ 53PMV^4 + 0.217\ 9PMV^2)] \quad (2-25)$$

PMV 指标采用 7 级热感分度标尺,如表 2-14 所列。

表 2-14 PMV 指标热感分度标尺

热感	冷	凉	微凉	适中	微暖	暖	热
PMV	-3	-2	-1	0	1	2	3

将式(2-23)~式(2-25)编写为用户自定义函数并导入 Fluent 软件中对采煤工作面人体热舒适进行模拟计算。工作面模型尺寸及围岩壁面温度与前文设为一致,不考虑采空区漏风散热的影响,同时在模型中设定矿井工人从事中等强度体力劳动,新陈代谢率为 174.45 W/m^2(约 3 met),衣着为干燥的矿工服,热阻为 0.052 7 $m^2 \cdot ℃/W$(0.34 clo)。工人在某一区段工作面工作时的模型图如图 2-37 所示。

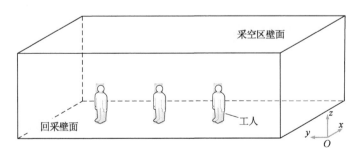

图 2-37 工人在某一区段工作面工作时的模型图

(2) 进风温度对工人热舒适的影响

进风温度是影响工人热舒适的最主要因素。在进风速度为 1.73 m/s,相对湿度为 60% 的初始条件下,分别选取进风温度为 20、24、28 ℃来研究工作面工人的 PMV 和 PPD 值。

在不同进风温度条件下，$z=1.5$ m 时，工作面工人的 PMV 值云图如图 2-38 所示，工作面工人的 PMV 值变化图如图 2-39 所示，工作面工人的平均 PMV 值如表 2-15 所列。由图 2-38 可知，靠近工作面进风侧，PMV 值相对较小，因为风流流动的区域热量无法积聚；而靠近回风侧，热量积聚，PMV 值较大，工人热感觉明显。结合温度场分布来看，PMV 值和温度关系密切，PMV 值沿风流方向不断增大，温度越高的区域 PMV 值越大；靠近围岩壁面和采煤机壁面的 PMV 值要大于工作面中心位置的 PMV 值。由图 2-39 和表 2-15 可知，进风温度对工人的热舒适影响较大，进风温度低时 PMV 值变化范围大，PMV 值相对较小；温度从 28 ℃降到 24 ℃和 20 ℃时，平均 PMV 值从 2.616 9 减小到 1.856 9 和 0.907 7，工人的热舒适得到明显改善。

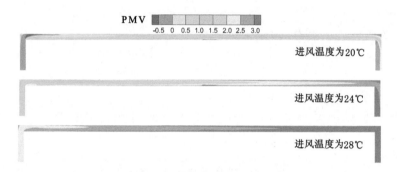

图 2-38　不同进风温度条件下工作面工人的 PMV 值云图（xOy 平面，$z=1.5$ m）

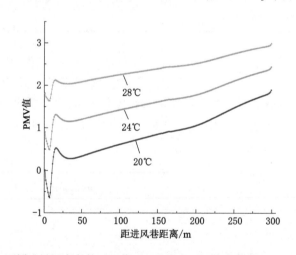

图 2-39　不同进风温度条件下工作面工人的 PMV 值变化图（xOy，$z=1.5$ m）

表 2-15　不同进风温度条件下工作面工人的平均 PMV 值（xOy 平面，$z=1.5$ m）

温度/℃	20	24	28
平均 PMV 值	0.907 7	1.856 9	2.616 9

相比 PMV 值，PPD 值在 0～100 之间变化更为明显。因此在研究 PPD 值时，根据工人在工作时的不同姿态（高度），选取 $z=0.5$、1.0、1.5、2.0 m 进行分析，并根据工人在工作面的不同位置，选取 $x=1$、2、3、4 m（即距回采壁面 1、2、3、4 m）进行分析。

在不同进风温度条件下,工作面不同高度、不同位置工人的 PPD 值变化图如图 2-40 和图 2-41 所示,工作面工人的平均 PPD 值如表 2-16 所列。由图 2-40 和图 2-41 可知,PPD 值随着高度的增大而减小,到 1.5 m 之后基本不发生变化,因此可选取 $z=1.5$ m 时的 PPD 值作为大多数工人工作时的不满意百分率指标;靠近回采壁面($x=1$ m)的 PPD 值最大,其次是靠近采空区壁面($x=4$ m)的,靠近采煤机区域的 PPD 值也有明显增大,表明围岩散热和机电设备散热也是影响工人热舒适的主要因素。由表 2-16 可知,$z=1.5$ m 时,温度从 28 ℃ 降到 24 ℃ 和 20 ℃ 时,平均 PPD 值从 96.592 2% 减小到 67.528 6% 和 27.235 9%,降低进风温度能够一定程度改善工人对热环境的满意率,虽然 24 ℃ 的进风温度不能创造一个让大多数人满意的热环境的条件,但在考虑经济效益和可操作性的前提下,24 ℃ 仍是工人在高温矿井工作时的良好条件。

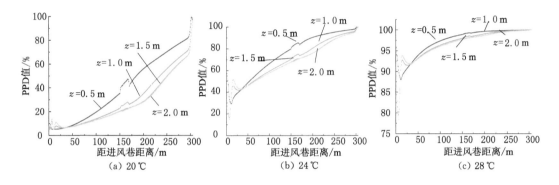

图 2-40　不同进风温度条件下工作面不同高度工人的 PPD 值变化图

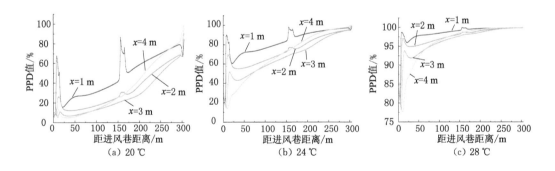

图 2-41　不同进风温度条件下工作面不同位置工人的 PPD 值变化图

表 2-16　不同进风温度条件下工作面工人的平均 PPD 值

指标	温度/℃	不同高度				不同位置			
		$z=0.5$ m	$z=1.0$ m	$z=1.5$ m	$z=2.0$ m	$x=1$ m	$x=2$ m	$x=3$ m	$x=4$ m
平均 PPD 值	20	40.186 6%	30.328 6%	27.235 9%	26.864 8%	48.489 4%	32.839 3%	27.235 9%	34.697 0%
	24	75.085 0%	69.331 8%	67.528 6%	67.481 6%	83.492 2%	73.521 3%	67.528 6%	69.705 8%
	28	97.464 6%	96.787 2%	96.592 2%	96.600 1%	98.679 6%	97.584 6%	96.603 4%	96.321 9%

（3）相对湿度对工人热舒适的影响

对于人体来说最适宜的相对湿度是 50%～60% 之间，通过现场实测可知井下实际相对湿度平均值在 90% 以上，属于高湿环境。在进风速度为 1.73 m/s，进风温度为 24 ℃的初始条件下，分别选取相对湿度为 30%、60%、90% 来研究工作面工人的 PMV 和 PPD 值。

在不同相对湿度条件下，$z=1.5$ m 时，工作面工人的 PMV 值云图如图 2-42 所示，工作面工人的平均 PMV 值如表 2-17 所列。由图 2-42 可知，PMV 值沿风流方向不断增大，且不同相对湿度条件下的 PMV 值变化较小。由表 2-17 可知，相对湿度从 90% 降到 60% 时，平均 PMV 值略微减小，由 1.866 5 减小到 1.856 9；而相对湿度从 60% 降到 30% 时，平均 PMV 值又略微增大，说明过干或过湿的空气都会影响人体的热舒适。在不同相对湿度条件下，工作面工人的平均 PPD 值如表 2-18 所列。由表 2-18 可知，相对湿度在 60% 时，不同高度和不同位置下的平均 PPD 值均小于其他两种湿度环境下的平均 PPD 值，但总体变化不大。

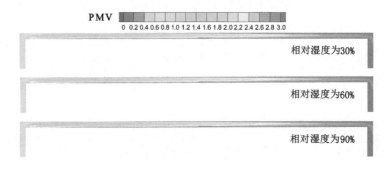

图 2-42　不同相对湿度条件下工作面工人的 PMV 值云图（xOy 平面，$z=1.5$ m）

表 2-17　不同相对湿度条件下工作面工人的平均 PMV 值（xOy 平面，$z=1.5$ m）

相对湿度/%	30	60	90
平均 PMV 值	1.857 6	1.856 9	1.866 5

表 2-18　不同相对湿度条件下工作面工人的平均 PPD 值

相对湿度/%	不同高度				不同位置			
	$z=0.5$ m	$z=1.0$ m	$z=1.5$ m	$z=2.0$ m	$x=1$ m	$x=2$ m	$x=3$ m	$x=4$ m
平均 PPD 值　30	75.121 4%	69.374 6%	67.582 4%	67.536 2%	83.527 7%	73.580 3%	67.588 0%	69.752 5%
60	75.085 0%	69.331 8%	67.528 6%	67.481 6%	83.492 2%	73.521 3%	67.528 6%	69.705 8%
90	75.176 5%	69.424 9%	67.643 5%	67.563 4%	83.608 9%	73.609 4%	67.609 5%	69.794 3%

综上，在适宜的进风温度条件下，相对湿度并不是影响工人热舒适的主要因素，但相对湿度为 60% 的工作环境仍为最佳。

（4）进风速度对工人热舒适的影响

进风速度可以通过对人体的对流散热和蒸发散热的影响来改变人体的热舒适。在进风温度为 24 ℃，相对湿度为 60% 的初始条件下，分别选取进风速度为 1.41、1.73、2.04 m/s 来研究工作面工人的 PMV 和 PPD 值。

在不同进风速度条件下,$z=1.5$ m时,工作面工人的PMV值云图如图2-43所示,工作面工人的平均PMV值如表2-19所列。在不同进风速度条件下,工作面工人的平均PPD值如表2-20所列。由图2-43和表2-19可知,进风速度增大,工作面整体的PMV值有一定减小,回风侧变化较为明显;由表2-20可知,平均PPD值随着进风速度的增大而减小。这是因为进风速度增大导致热量迁移的速度加快,产生的温度较高的放热风流在工作面停留的时间变短,从而让人体的热舒适有一定提升,但并不显著。同时考虑到,工作面的进风速度过大容易让工人产生吹风感,不利于工作效率的提升,因此进风速度的选取还应考虑工作面现场的条件。结合之前得到的风量对工作面热环境的影响结论,工人在工作面工作时进风速度选取在$1.41\sim1.73$ m/s为宜。

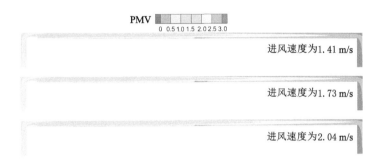

图2-43　不同进风速度条件下工作面工人的PMV值云图(xOy平面,$z=1.5$ m)

表2-19　不同进风速度条件下工作面工人的平均PMV值(xOy,$z=1.5$ m)

进风速度/(m/s)	1.41	1.73	2.04
平均PMV值	1.923 0	1.856 9	1.802 7

表2-20　不同进风速度条件下工作面工人的平均PPD值

指标	进风速度/(m/s)	不同高度				不同位置			
		$z=0.5$ m	$z=1.0$ m	$z=1.5$ m	$z=2.0$ m	$x=1$ m	$x=2$ m	$x=3$ m	$x=4$ m
平均 PPD值	1.41	75.543 9%	69.820 4%	68.065 2%	67.918 4%	84.017 0%	73.904 3%	67.925 6%	70.120 5%
	1.73	75.085 0%	69.331 8%	67.528 6%	67.481 6%	83.492 2%	73.521 3%	67.528 6%	69.705 8%
	2.04	74.573 2%	68.809 2%	67.061 4%	67.021 0%	83.061 7%	73.144 8%	67.157 0%	69.260 9%

2.5　本章小结

本章分析了矿井季节性气候变化、原岩温度及其他热源引发矿井季节性热害的原因。以大量现场实测为基础,通过分析围岩散热、空气自压缩升温、机电设备散热、煤岩运输散热及其他热源等影响因素,得出矿井季节性热害由原岩温度和季节性进风温度两者共同作用,其中原岩温度决定了矿井季节性热害的严重程度。主要结论如下:

（1）按原岩温度对季节性热害程度进行分类，原岩温度大于 28 ℃的矿井均呈现季节性热害，开采深度越深，季节性热害越严重。

（2）对深部矿井开采，井下气候受季节性高温影响明显，进风路线上距离井口越远影响越小，回风路线上变化不大。

（3）现场观测表明，对于深部矿井开采，受井深、围岩温度和季节性高温等共同影响，矿井季节性高温热害加剧。

3　季节性风温作用下围岩
非稳态温度场数值模拟

矿井季节性高温热害主要是由围岩温度、季节性高温和其他热源共同作用而形成的。围岩与风流的传热传质主要包括动量和能量交换,而动量传递、能量传递和湿量传递是相互影响的。本章主要对煤岩体导热系数进行实验测试,探讨井巷围岩温度场对风流温度的调节作用,通过建立非稳态风温作用下井巷调热圈与风温预测模型,开发相应预测分析软件,并对巷道围岩温度场进行实测对比分析,基于调热圈温度场分布研究从地面井口对入井风量实施降温除湿的可行性。

3.1　煤岩体导热系数实验测试

为掌握井下煤岩体热物理特性,实验测定其导热系数。通过对实验数据整理分析,为矿井围岩温度场的数值分析以及风温预测提供基础参数。

3.1.1　测试方法

导热系数测定方法可分为稳态法和瞬态法两类。瞬态法的应用范围较为宽广,其中发展最快、最具代表性、得到国际热物理学界普遍承认的方法是闪光法,称为激光法或激光闪射法,LFA 激光导热仪就是利用激光法对材料进行测量。测试采用德国耐驰公司 LFA457 装置(图 3-1),温度范围-125～1 100 ℃,真空密闭系统使得仪器在可选的气氛中测量,样品支架、炉体与检测器垂直式排布。

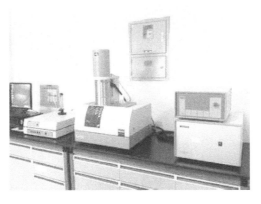

图 3-1　LFA457 激光导热仪

激光闪光法是一种绝对的实验方法,适用测量温度为 75～2 800 K,热扩散系数为 $10^{-7}～10^{-3}$ m²/s 的均匀各向同性固体材料。测试原理:圆薄片试样受高强度短时能量脉冲辐射,试样正面吸收脉冲能量使背面温度升高,记录试样背面温度的变化。根据试样厚度和背面温度达到最大值的某一百分率所需时间,计算出试样的热扩散系数(a),根据材料的热扩散系数和体积密度及比热容,计算出材料的导热系数(λ)。热扩散系数和导热系数按热流状态的计算式为:

$$a = 0.138\ 79L^2/t_{1/2} \tag{3-1}$$

式中　a ——热扩散系数,m^2/s;

　　　L ——试样厚度,m;

　　　$t_{1/2}$ ——起始脉冲开始到试样背面温度升高至最高时所需一半时间,s。

$$\lambda = a \cdot c_p \cdot \rho \tag{3-2}$$

式中　c_p ——比热容,$J/(kg \cdot ℃)$;

　　　ρ ——密度,kg/m^3;

　　　λ ——导热系数,$W/(m \cdot ℃)$。

3.1.2　实验材料的采集与制备

试样的采集及制备根据导热系数测定的需要和采样标准,在新暴露煤岩壁采集新鲜煤岩样,并现场密封,然后与风筒布及管路保温材料样品一起运至实验室。根据导热系数测定仪器的试样标准,在实验室加工得到实验样品。实验样品取自 2306 二联巷煤样、1304N 开切眼煤样、-980 m 北区回风巷煤样、3301 开切眼煤样、-950 m 边界进风岩样、-950 m 辅二下山岩样和新旧风筒布。将实验样品表面平整处理,处理后两表面应平行,且厚度均匀,试样直径为 12.7 mm 左右,高度为 3 mm 左右;风筒布切割成直径 12.7 mm 的圆形实验样品。实验时,可在接触面涂上一层相同材料的粉状材料或高温导热胶,不含杂质及灰尘。实验样品如图 3-2 所示,制作实验样品规格如表 3-1 所列。

(a)煤样

(b)风筒布　　　　　　　　(c)岩样

图 3-2　实验采集的样品

表 3-1　样品尺寸情况汇总表

序号	试样名称	样品尺寸	样品个数
1	2306 二联巷煤样	12.72(直径 mm)×3.02(高 mm)	1
	2306 二联巷煤样	12.67(直径 mm)×2.97(高 mm)	1

表 3-1(续)

序号	试样名称	样品尺寸	样品个数
2	1304N 开切眼煤样	12.74(直径 mm)×2.95(高 mm)	1
	1304N 开切眼煤样	12.75(直径 mm)×2.89(高 mm)	1
3	−980 m 北区回风巷煤样	12.76(直径 mm)×3.01(高 mm)	1
	−980 m 北区回风巷煤样	12.67(直径 mm)×2.87(高 mm)	1
4	3301 开切眼煤样	12.75(直径 mm)×2.96(高 mm)	1
	3301 开切眼煤样	12.66(直径 mm)×2.90(高 mm)	1
5	−950 m 边界进风岩样	12.74(直径 mm)×2.89(高 mm)	1
	−950 m 边界进风岩样	12.72(直径 mm)×2.97(高 mm)	1
6	−950 m 辅二下山岩样	12.62(直径 mm)×2.97(高 mm)	1
	−950 m 辅二下山岩样	12.67(直径 mm)×2.99(高 mm)	1
7	风筒布(新)	12.64(直径 mm)×0.65(高 mm)	1
8	风筒布(旧)	12.60(直径 mm)×0.63(高 mm)	1

3.1.3　测试结果

通过对试样在实验过程中的参数分析,得到导热系数及其他参数。对三次实验结果取平均值以得到煤岩更准确的导热系数值,实验结果见表 3-2~表 3-9。

表 3-2　−950 m 辅二下山岩样导热系数测量结果(密度 2.556 g/cm³)

温度/℃	热扩散系数/(m²/s)	三次测量均方误差	导热系数/[W/(m·℃)]	比热容/[J/(kg·℃)]
9.6	2.046	0.019	3.636	0.695
14.7	1.981	0.035	3.593	0.710
19.7	1.954	0.036	3.596	0.720
25.5	1.881	0.008	3.501	0.728
30.3	1.853	0.012	3.483	0.735
34.8	1.832	0.015	3.500	0.747
40.0	1.782	0.011	3.455	0.758
45.2	1.758	0.010	3.466	0.771
49.9	1.738	0.012	3.431	0.772
54.6	1.703	0.011	3.365	0.773
59.6	1.693	0.007	3.336	0.771

表 3-3　−950 m 边界进风岩样导热系数测量结果(密度 2.473 g/cm³)

温度/℃	热扩散系数/(m²/s)	三次测量均方误差	导热系数/[W/(m·℃)]	比热容/[J/(kg·℃)]
9.6	0.661	0.009	1.180	0.722
14.6	0.640	0.006	1.168	0.738
19.6	0.646	0.014	1.204	0.754

表 3-3(续)

温度/℃	热扩散系数/(m²/s)	三次测量均方误差	导热系数/[W/(m·℃)]	比热容/[J/(kg·℃)]
25.5	0.629	0.007	1.168	0.751
29.7	0.615	0.008	1.148	0.754
35.4	0.608	0.005	1.155	0.769
40.0	0.596	0.004	1.143	0.776
44.8	0.594	0.003	1.166	0.794
50.2	0.582	0.005	1.157	0.804
55.0	0.576	0.002	1.164	0.817
59.8	0.573	0.004	1.163	0.821

表 3-4　2306 二联巷煤样导热系数测量结果(密度 1.186 g/cm³)

温度/℃	热扩散系数/(m²/s)	三次测量均方误差	导热系数/[W/(m·℃)]	比热容/[J/(kg·℃)]
9.8	0.119	0.006	0.133	0.948
14.8	0.115	0.004	0.13	0.947
19.8	0.110	0.008	0.117	0.896
24.8	0.118	0.006	0.144	1.024
30.1	0.115	0.006	0.140	1.021
34.9	0.115	0.007	0.144	1.052
39.8	0.110	0.003	0.134	1.025
45.1	0.108	0.003	0.130	1.015
50.2	0.107	0.002	0.133	1.045
54.9	0.113	0.005	0.154	1.150
59.8	0.108	0.002	0.144	1.128

表 3-5　1304N 开切眼煤样导热系数测量结果(密度 1.209 g/cm³)

温度/℃	热扩散系数/(m²/s)	三次测量均方误差	导热系数/[W/(m·℃)]	比热容/[J/(kg·℃)]
9.6	0.110	0.011	0.141	1.054
14.5	0.098	0.008	0.108	0.917
19.5	0.108	0.003	0.146	1.115
25.2	0.108	0.011	0.148	1.130
29.9	0.099	0.006	0.120	1.009
35.1	0.098	0.002	0.127	1.066
40.1	0.100	0.009	0.134	1.108
44.8	0.095	0.003	0.121	1.060
49.7	0.096	0.003	0.129	1.113
54.7	0.098	0.004	0.141	1.190
59.7	0.094	0.004	0.130	1.146

表 3-6 −980 m 北区回风巷煤样导热系数测量结果(密度 1.418 g/cm³)

温度/℃	热扩散系数/(m²/s)	三次测量均方误差	导热系数/[W/(m·℃)]	比热容/[J/(kg·℃)]
9.5	0.176	0.005	0.241	0.967
14.6	0.170	0.004	0.24	0.996
19.5	0.170	0.005	0.244	1.014
25.5	0.169	0.001	0.251	1.047
30.1	0.169	0.001	0.258	1.080
35.2	0.171	0.004	0.274	1.128
40.1	0.167	0.005	0.271	1.141
44.8	0.163	0.001	0.265	1.147
49.6	0.158	0.004	0.255	1.137
54.7	0.153	0.006	0.241	1.112
59.7	0.155	0.003	0.255	1.159

表 3-7 3301 开切眼煤样导热系数测量结果(密度 1.371 g/cm³)

温度/℃	热扩散系数/(m²/s)	三次测量均方误差	导热系数/[W/(m·℃)]	比热容/[J/(kg·℃)]
9.5	0.126	0.007	0.15	0.870
14.8	0.121	0.010	0.153	0.919
19.6	0.129	0.005	0.176	1.000
25.5	0.127	0.008	0.18	1.032
30.0	0.126	0.005	0.181	1.044
35.0	0.124	0.008	0.183	1.072
40.0	0.124	0.006	0.185	1.087
45.0	0.118	0.004	0.169	1.047
50.2	0.118	0.002	0.174	1.080
54.9	0.119	0.001	0.182	1.119
59.8	0.117	0.001	0.178	1.113

表 3-8 风筒布(新)导热系数测量结果(密度 1.183 g/cm³)

温度/℃	热扩散系数/(m²/s)	三次测量均方误差	导热系数/[W/(m·℃)]	比热容/[J/(kg·℃)]
25.4	0.198	0.001	0.247	1.054
19.9	0.200	0.001	0.252	1.066
14.7	0.200	0.001	0.243	1.027
9.6	0.200	0.001	0.234	0.990
29.6	0.194	0.001	0.253	1.099
34.7	0.193	0.001	0.260	1.141
39.8	0.192	0.001	0.264	1.163
45.0	0.191	0.001	0.268	1.186

表 3-8(续)

温度/℃	热扩散系数/(m²/s)	三次测量均方误差	导热系数/[W/(m·℃)]	比热容/[J/(kg·℃)]
49.8	0.190	0	0.275	1.225
54.7	0.190	0.001	0.282	1.254
59.7	0.188	0.001	0.279	1.253

表 3-9 风筒布(旧)导热系数测量结果(密度 1.131 g/cm³)

温度/℃	热扩散系数/(m²/s)	三次测量均方误差	导热系数/[W/(m·℃)]	比热容/[J/(kg·℃)]
9.6	0.202	0	0.231	1.011
14.5	0.201	0	0.240	1.056
19.5	0.200	0.001	0.246	1.089
25.5	0.198	0.001	0.249	1.113
30.2	0.195	0.001	0.248	1.124
35.4	0.193	0	0.254	1.165
40.3	0.192	0	0.258	1.191
45.1	0.190	0	0.262	1.218
50.2	0.190	0.001	0.271	1.264
54.9	0.189	0.001	0.273	1.280
59.8	0.187	0	0.271	1.279

在一定温度范围内,煤岩体的导热系数与温度呈线性关系,且导热系数和温度之间满足下列公式:

$$\lambda = \lambda_0(1 + bT) \qquad (3\text{-}3)$$

式中 b ——温度系数,℃⁻¹;

λ_0 ——该物质在 0 ℃时的导热系数,W/(m·℃);

T ——温度,℃。

由于岩石导热系数随温度变化符合线性关系,通过线性拟合即可得到岩样在小于 60 ℃ 范围内煤岩体的导热系数,拟合图如图 3-3 所示。

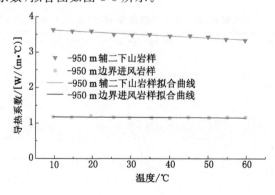

图 3-3 岩样导热系数及拟合曲线

拟合得到 -950 m 辅二下山岩样的导热系数在 $0\sim60$ ℃范围内随温度变化的公式为 $\lambda=-0.005\,5T+3.678\,7$，拟合度 $R^2=0.936$，岩样导热系数随温度升高而逐渐减小；-950 m 边界进风岩样的导热系数在 $0\sim60$ ℃范围内随温度变化的公式为 $\lambda=-0.000\,5T+1.181\,1$，拟合度 $R^2=0.938$，岩样导热系数随温度升高变化不大。但两种岩样导热系数相差较大，这是由于岩样的成分、含水量等因素造成的，其中 -950 m 辅二下山岩样为细砂岩，而 -950 m 边界进风岩样为煤矸石，其导热系数受到煤质成分的影响，使得导热系数接近煤样。由于 -950 m 边界进风岩样的导热系数小，使得 -950 m 边界进风掘进工作面在相同条件下的散热量也就小于 -950 m 辅二下山掘进工作面的散热量。

由图 3-4 可知，煤样导热系数在 $0.1\sim0.3$ W/(m·℃)之间。煤样导热系数差别主要是由于煤样的成分、含水量、节理等因素造成。煤样导热系数在 $10\sim35$ ℃为上升趋势，在 35 ℃达到最高点之后缓慢下降。在 60 ℃以内煤样导热系数最大为 0.274 W/(m·℃)，最小为 0.117 W/(m·℃)。煤样导热系数明显小于岩样导热系数，煤壁向风流散热量明显小于岩壁向风流散热量。

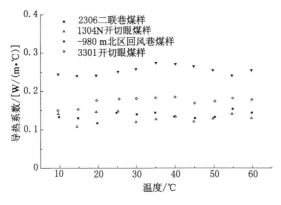

图 3-4 煤样导热系数

由图 3-5 可知，新旧风筒布导热系数相差不大，旧风筒布导热系数大于新风筒布导热系数；风筒布导热系数随温度增加而逐渐升高，这主要是风筒布在使用过程中磨损等原因造成的。风筒布在使用过程中保温性能会不断下降，导热系数随温度的变化规律分别满足 $\lambda=0.000\,8T+0.226\,8$ 和 $\lambda=0.000\,9T+0.227\,9$，拟合度都为 0.955。

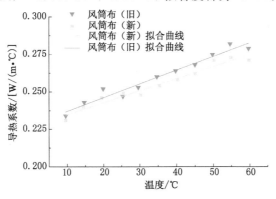

图 3-5 风筒布导热系数及拟合曲线

根据上述公式得到煤样和岩样在不同温度时的导热系数,更加准确地预测调热圈半径及计算围岩内部向风流的导热量,为矿井围岩散热量及风温预测提供依据。

3.2　井巷围岩非稳态温度场数学模型

由于巷道截面形状、大小不同,岩石层理结构的方向性、含水率、孔隙度、所含矿物成分等不同,单个试样不能反映一个区域岩石导热特性,风流热力状态参数不断变化,使得围岩与风流间热湿交换过程十分复杂,计算也很繁复。因此,在研究季节性风温下井巷围岩温度场分布,需要对巷道进行简化分析,假设:① 井巷为圆形横截面;② 井巷所开凿的岩体是均质并各向同性;③ 井巷初揭开时,岩温与该处的初始岩温相等;④ 整个井巷的圆周上传热条件不变;⑤ 巷道内空气为恒温;⑥ 围岩所散发热量全部传递给风流。

根据以上假设,季节性风温作用下井巷围岩温度场分布可按照一维半无限体非稳态导热方程进行求解。

3.2.1　巷道围岩的热传导

井下最典型的热传导现象,就是岩体的原始温度向被通风风流冷却了的巷壁的热移动。另外还有通过掘进工作面风管管材及冷却设备各种管材的内外传热等。巷道围岩内原岩温度分布服从傅里叶导热微分方程。

$$q = -\lambda \mathrm{grad}T \tag{3-4}$$

式中　q——围岩的热流通量,即单位时间通过单位面积的热量,$\mathrm{W/m^2}$;

　　　$\mathrm{grad}T$——围岩的温度梯度,$\mathrm{℃/m}$;

　　　λ——围岩的导热系数,或称热导率,$\mathrm{W/(m \cdot ℃)}$。

岩石导热系数 λ 是井下热传导过程中一个重要系数,在测试和计算中,要考虑到岩石结构、密度、含水率、孔隙率以及充填物性质等影响。岩石导热系数随着岩石含水率的增大而逐渐增大。

3.2.2　巷道壁面与风流间的对流传热

对流传热是相对运动的流体与温度不同的固体壁面直接接触时,流体与壁面之间所发生的热量传递过程。风流与巷壁之间的热量传递是导热和对流共同作用的结果。一方面热源与风流之间传热,两者之间是导热作用;另一方面风流流动时,空气各部分之间发生相对位移,冷热空气相互掺混,产生对流换热。对流传热过程是受多种因素影响的复杂过程,如巷道壁面的形状和大小、流体的物理性质、表面粗糙度、流体的流动状况等都会对其产生影响。

3.2.2.1　稳定放热

在研究围岩与风流间的热湿交换过程中,多半是井巷岩壁温度高于风流温度,即井巷壁面岩石向风流放热,所以矿内常把此参数称为巷壁对风流的放热系数 $\alpha[\mathrm{W/(m^2 \cdot ℃)}]$。巷壁对风流放热系数不是物性参数,而是与围岩的导热系数、风流速度、温度、密度、空气的比热容、动力黏性系数及壁面形状、几何尺寸等因素有关的复杂函数,在理论上较难给出确定的计算公式。目前常采用以相似理论为指导的实验,与现场实测互相检验修正的方法来确定巷壁对风流的放热系数。

当干燥巷道与风流进行稳定换热,苏联学者舍尔巴尼取常温附近空气的 Pr 为常数

和系数 C 相乘,再考虑巷壁粗糙度,并用修正系数 ε(表 3-10)进行校正,可得到下列放热系数实用式:

$$\alpha = \frac{2\varepsilon G^{0.8} U^{0.2}}{F} \tag{3-5}$$

式中　α——巷壁对风流的放热系数,$W/(m^2 \cdot {}^{\circ}\!C)$;

　　　G——风流质量流量,kg/s;

　　　U——周长,m;

　　　F——断面积,m^2。

表 3-10　不同巷壁粗糙度时的 ε 值

支柱相对尺寸 (d/d_0)	巷道壁面状况 $/(L/d)$	巷壁相对光滑 $\dfrac{h}{d_0}=0$	巷道粗糙	
			$\dfrac{h}{d_0}=0.03$	$\dfrac{h}{d_0}=0.05$
0.06	无支护	1.00	1.65	1.75
	14	1.85	2.10	2.20
	7	2.00	2.20	2.30
	3.5	2.15	2.40	2.50
0.09	14	2.15	2.40	2.50
	7	2.30	2.50	2.60
	3.5	2.50	2.65	2.75
0.12	14	2.40	2.70	2.85
	7	2.60	2.85	2.95
	3.5	2.80	3.00	3.10

注:h 为粗糙面凸体高度,m;d_0 为巷道等效内径,$d_0 = 4F/U$,m;d 为支柱直径,m;L 为支柱间距,m。

表 3-10 中数值适于圆形支柱,当为方形支柱时应将表中数值增加 0.8%。

日本学者内野,在通常矿内热环境条件下:$T = 30\ {}^{\circ}\!C$、$Pr = 0.701$、$d_0 = 3\ m$、$\lambda = 0.028\ kcal/(m \cdot h \cdot {}^{\circ}\!C)$、运动黏度 $\gamma = 1.66 \times 10^{-5}\ m^2/s$、$Re = 3.6 \times 10^5 \sim 1.1 \times 10^6$,得出三种不同类型的支护巷道的放热系数简化实用式:

① 对混凝土支护巷道

$$\alpha = 5.3\omega^{0.8} d_0^{-0.2} \tag{3-6}$$

② 对无支护巷道

$$\alpha = 7.7\omega^{0.8} d_0^{-0.2} \tag{3-7}$$

③ 对木支护巷道

$$\alpha = 9.3\omega^{0.8} d_0^{-0.2} \tag{3-8}$$

式中　ω——空气流速,m/s。

与现场实测进行对比,结果表明以上三式的误差能满足工程上的需要。

若巷壁潮湿,就可能发生水分向风流蒸发而向风流大量排热,这时就要同时考虑湿交换。

3.2.2.2 不稳定放热

当干燥巷道没有其他热源时,由内部原岩向巷道风流的热移动机理是:在原岩中开凿巷道后,有比原岩温度低的风流通过时,因有温差,故巷壁以对流放热方式向风流放热,而原岩内部以热传导方式向被冷却的巷壁产生热流。与此同时,周围深部岩体也相应被冷却而形成冷却带。井巷中的风流由于得到热量而温度升高,经过一段时间后,原岩温度与风温的温差逐渐减小,岩壁向风流传递的热量也相应减小。原岩中的温度变化和巷道中的风流温度变化都是随着时间变化的不稳定传热,这个传热过程包括了岩体的导热、岩壁与风流之间的对流换热。影响该传热的重要参数为风流与围岩间不稳定换热系数。

1953 年,舍尔巴尼提出了风流与围岩间的不稳定换热系数 K_τ,即表示巷道围岩深部未冷却岩体与平均气温相差 1 ℃时,在单位时间、自巷道周壁单位面积上向风流放出(或吸收)的热量。它是巷道形状与尺寸、围岩热物性、通风强度及时间等的函数,其解析式为:

$$K_\tau = \frac{\lambda}{r_0} f(Bi, Fo) \tag{3-9}$$

式中　K_τ——不稳定换热系数,W/(m² · ℃);

　　　r_0——巷道当量半径($r_0 = 0.564\sqrt{F}$),m;

　　　λ——岩石导热系数,W/(m · ℃);

　　　Fo——傅里叶数;

　　　Bi——毕渥数。

由于不稳定换热系数的解析解相当复杂,因此,通过对不稳定换热系数无因次化来求解它,即得到无因次不稳定换热系数 $K_{\mu\tau}$,它可以用无因次温度来表示:

$$K_{\mu\tau} = \frac{r_0 \left(\frac{\partial T}{\partial r}\right)_{r=r_0}}{T_y - T_f} = f(Bi, Fo) \tag{3-10}$$

式中　T——冷却的围岩温度,℃;

　　　$\left(\frac{\partial T}{\partial r}\right)_{r=r_0}$——巷壁的围岩温度梯度,℃/m;

　　　T_y——原岩温度,℃;

　　　T_f——巷道内风流温度,℃。

因此,无因次不稳定换热系数与不稳定换热系数关系式为:

$$K_{\mu\tau} = \frac{K_\tau r_0}{\lambda} \tag{3-11}$$

日本学者平松良雄提出围岩传给风流的热量受无量纲数 η 影响,而 η 由围岩密度、比热容、壁面放热系数、巷道形状及通风时间决定,即:

$$Q = \eta\lambda(T_0 - T_f) \tag{3-12}$$

式中　Q——单位时间内单位长度巷道围岩传给风流的热量,W/m;

　　　T_0——不受通风影响的围岩温度,℃。

实际上,对于不稳定换热系数的各种不同表述,不论是无因次不稳定传热系数 $K_{\mu\tau}$、无量纲数 η,还是年代系数 $K(\alpha)$ 等,它们的本质是一样的,都是傅里叶数 Fo 和毕渥数 Bi 的函数。

假设岩层各向同性、均质,巷道截面为圆形、干燥且忽略巷道轴向温度梯度变化、风温一定、原岩温度分布均匀,对式(3-10)求导,可得到 $K_{\mu\tau}$ 的理论解,该解是由 Bassel 函数和

Kelvin函数复合而成,计算起来很烦琐,使用时很不方便。

国内学者岑衍强等利用五元回归的方法计算得出的无因次不稳定换热系数实用计算式,能较好地满足工程计算精度要求,其形式如下:

(1) 当 $0 \leqslant Fo < 2$ 时,

$$K_{\mu\tau} = \exp\left[A + B\ln Fo + C\ln^2 Fo + \frac{D + E\ln Fo + F\ln Fo}{Bi + 0.375}\right] \tag{3-13}$$

其中,各系数见表3-11。

表 3-11　各系数表

系数	$0 \leqslant Fo < 1$	$1 \leqslant Fo < 2$
A	$2.409\,134 \times 10^{-2}$	2.001×10^{-2}
B	$-0.314\,263\,4$	$-0.299\,841\,3$
C	$1.469\,856 \times 10^{-2}$	$1.597\,64 \times 10^{-2}$
D	$-1.063\,224$	$-1.061\,628$
E	$0.151\,002\,4$	$0.136\,679\,4$
F	$-1.625\,136 \times 10^{-2}$	$-9.702\,536 \times 10^{-3}$

(2) 当 $Fo \geqslant 2$ 时,

$$K_{\mu\tau} = 0.534(by^2 + cy + d) \tag{3-14}$$

其中,
$$y = \frac{1}{\frac{1}{Bi} + a}$$

$$a = -0.016\,218x^3 + 0.163\,336x^2 + 0.558\,742x + 0.622\,702$$
$$b = 0.012\,454x^3 - 0.120\,683x^2 - 0.398\,41x - 0.255\,263$$
$$c = -0.009\,933x^3 + 0.103\,367x^2 + 0.762\,691x + 1.041\,458$$
$$d = 0.000\,007x^3 - 0.000\,25x^2 + 0.001\,292x - 0.001\,661$$
$$x = \ln Fo$$

3.2.3　巷道壁面与风流间的对流传质

干空气或未饱和空气流过潮湿固体壁面时,只要空气中水蒸气分子浓度与壁面处水蒸气分子浓度不一致时,空气与水面或湿壁之间同时要发生热量与质量的传递。这种传递过程称为对流传热传质。虽然热交换与湿交换不是同一类物理现象,但是描述这两类物理现象的方程式却有相类似的地方。

(1) 围岩散热的计算及水分蒸发处理

围岩内部通过热传导的方式将热量传递到井巷表面,然后通过对流放热及对流传质的方式传递给井巷风流。当巷道壁面干燥时,从围岩放出的热量,全部消耗于风流干球温度上升的显热上;当巷道壁面潮湿时,从围岩放出的一部分热量用于水分蒸发的潜热上,剩余部分用于风流温度的上升。因此,从围岩放出的热量等于消耗于水分蒸发所需的潜热与风流温度升高所需的显热之和,即:

$$q_t = q_x + q_q \tag{3-15}$$

式中　q_t——巷道壁面围岩向风流散热的总热流密度,W/m^2;

　　　q_x——从巷道壁面进入风流的显热热流密度,W/m^2;

q_q——从巷道壁面进入风流的潜热热流密度，W/m^2。

（2）从巷壁进入风流的显热

根据对流传热规律，可以计算出从壁面进入巷道风流的显热量：

$$Q_x = \alpha(T_w - T_f)A \qquad (3-16)$$

式中　Q_x——显热量，W；

　　　　T_w——巷道壁面温度，℃；

　　　　T_f——巷道内风流温度，℃；

　　　　A——对流换热巷道表面积，m^2；

　　　　α——围岩与风流间的放热系数，$W/(m^2 \cdot ℃)$。

一般情况下，由于矿内地下水流动、降尘洒水等原因，矿井巷道中总存在水分蒸发，因此潮湿的巷道壁面与风流间进行对流传热传质，即从围岩散发的一部分热量以水分蒸发的潜热形式被消耗，一部分用于风流干球温度的上升。所以，围岩散热量的计算还要考虑到水分蒸发的影响。

（3）从巷壁进入风流的潜热

在计算从巷壁进入风流的潜热时，需要计算巷道壁面水分蒸发的潜热。水分蒸发潜热计算的方法主要有放湿系数（β）法、显热比（ε）法、潮湿率（f）法等。其中前两种方法，在具体计算时都是分别假设放湿系数和显热比为不随散热过程变化的常数来进行计算的；经研究表明，在实际的散热过程中放湿系数和显热比都是随壁面温度、风流温度、壁面湿度系数和风流的相对湿度等因素的变化而变化的。

而潮湿率法虽然考虑了壁面潮湿程度的变化情况，但确定潮湿率的主观因素较多，只是简单地将井巷壁面划分为完全干燥 $f=0$、完全潮湿 $f=1$ 和介于两者之间的潮湿状态 $0<f<1$，并没有考虑传质的动力是壁面与风流间的水蒸气分子浓度差这一原理。本书采用显热比法和潮湿率法来分析巷道中水分蒸发影响。

质交换有分子扩散、涡流扩散两种形式。在静止流体、层流流体中只有分子扩散；而在紊流流体中，既有层流边界层内的分子扩散，还有主流中由于涡旋作用而引起的涡流扩散。在质交换理论上，常把这两种形式共同作用的结果称为对流湿交换。因为矿井通风的风量较大，其风流完全处于紊流状态，所以矿井风流的湿交换即为对流湿交换。

根据质交换理论，当风流和水在一个微小面积 dF 上接触时，湿交换量为：

$$dW = \frac{\alpha_D(e_s - e)dF}{R_s \cdot T_s} \qquad (3-17)$$

式中　W——湿交换量，kg/s；

　　　　α_D——风流与水表面之间按水蒸气分子浓度差计算的湿交换系数，m/s；

　　　　e_s——边界层内水蒸气分压力，Pa；

　　　　e——风流中水蒸气分压力，Pa；

　　　　R_s——水蒸气的气体常数，$J/(kg \cdot ℃)$；

　　　　T_s——边界层的绝对温度，K。

流体对流质交换和对流热交换一样，是与流体的流动过程密切相关的。根据相似理论，两者用类似的方程式来描述它们的物理现象。因为在对流热交换中，先是依据准则关系式求出努塞尔数 Nu，然后计算其放热系数 α，由于对流质交换和对流热交换之间存在着类似关系,从而也可用形式相同的准则关系式来计算 α_D 值,只不过在计算中用质交换的宣乌特数 Sh 来取代热交换中的努塞尔数 Nu,并且用质交换的施密特数 Sc 来取代热交换中的普朗特数 Pr,而反映流态的雷诺数 Re 在这两类交换中是一样的。另外,刘易斯还揭示出了对流质交换和对流热交换之间还存在着某种联系。当流体普朗特数 Pr 等于施密特数 Sc 时,即:

$$\frac{Sc}{Pr} = \frac{a}{\Delta} = 1 \tag{3-18}$$

式中　a——导温系数,$\mathrm{m^2/s}$;

　　　Δ——扩散系数,$\mathrm{m^2/s}$。

此时,对流边界层内温度分布曲线和对流质交换边界层内的水蒸气分子浓度分布曲线相重合,这样就可以使对流质交换的计算大大简化,比值 a/Δ 又称为刘易斯数,用 Le 表示。

在对流换热中 $Nu = f(Re, Pr)$,而在对流换湿中 $Sh = f(Re, Sc)$,所以在 Re 为常数时,即在该给定流态状况下,如果 $Pr = Sc$,即 $Le = 1$,则有 $Sh = Nu$,则

$$\frac{\alpha_D}{\Delta} = \frac{\alpha l}{\lambda} \tag{3-19}$$

式中　l——定性尺寸;

　　　λ——导热系数,$\mathrm{W/(m \cdot ℃)}$。

由于 $\Delta = a$,$a = \dfrac{\lambda}{\rho \cdot c_p}$,则

$$\alpha_D = \frac{\alpha l}{\rho \cdot c_p} \tag{3-20}$$

上式即为刘易斯关系式。

根据水蒸气分压力的计算公式:

$$e = e_s - AP(T - T_s) \tag{3-21}$$

式中　P——风流的压力,Pa;

　　　A——风速修正系数,$A = \dfrac{\alpha}{r \cdot \beta \cdot 101\,325} = \dfrac{c_p \cdot \rho \cdot R_s \cdot T_s}{r \cdot 101\,325}$,其中 r 为水蒸气的汽化潜热,$\mathrm{kJ/kg}$。

将公式(3-20)、式(3-21)代入式(3-17),可得出井巷壁面水分蒸发量为:

$$dW_{max} = \frac{\alpha}{r} \cdot \frac{P}{101\,325}(T - T_s)dF \tag{3-22}$$

又因为 $dF = Udl$,故式(3-22)又可写为:

$$dW_{max} = \frac{\alpha}{r} \cdot \frac{P}{101\,325}(T - T_s)Udl \tag{3-23}$$

或

$$W_{max} = \frac{\alpha}{r} \cdot \frac{P}{101\,325}(T - T_s)UL \tag{3-24}$$

从而,由湿交换引起的潜热交换量为:

$$\delta Q_q = \alpha(T - T_s)\frac{P}{101\,325}Udl \tag{3-25}$$

或

$$Q_q = \alpha(T - T_s)\frac{P}{101\,325}UL \tag{3-26}$$

通过对我国大量煤矿调查,结果表明,矿井进风风流中相对湿度通常为 $80\% \sim 90\%$,所以可近似取 $T - T_s = 2\,℃$,则式(3-23)和式(3-25)可改写为:

$$dW_{max} = 7.895\,4 \times 10^{-6}\alpha PUdl \tag{3-27}$$

$$Q_{qmax} = 1.973\,8 \times 10^{-5}\alpha PUdl \tag{3-28}$$

有些井巷壁面并不是完全潮湿且岩石的含水性和疏水性也不相同,其湿交换量也有所不同,而式(3-27)或式(3-28)计算的只是井巷壁面水分的最大蒸发量,故在实际应用时应乘以一个潮湿率 f。这里的潮湿率被定义为:井巷某一潮湿程度的壁面实际的水分蒸发量与理论上完全被水覆盖的潮湿壁面的水分蒸发量的比值,它能适应于各种潮湿蒸发的实际状况。

$$f = \frac{M_B \cdot \Delta d}{W_{max}} \tag{3-29}$$

式中 M_B——井巷风流的质量流量,kg/s。

显热比是类似空调显热比的一个概念,定义式为:

$$\varepsilon = \frac{Q_x}{Q_{ch}} = \frac{q_x}{q_x + q_q} = \frac{G \cdot c_{p_k} \cdot \Delta T_k}{G \cdot \Delta i} = \frac{c_{p_k} \cdot \Delta T_k}{\Delta i} \tag{3-30}$$

因为空气的比定压热容是一个常数,风温差和焓差都容易测量计算,所以就可以得到某一巷道的显热比值。

同时,潮湿率 f 和显热比 ε 两者之间是有关联的,即成反比关系。

井下巷道内高温热源与风流间除了进行热量传递之外,还通过电磁波辐射进行辐射换热,辐射的热流量与它们的绝对温度的四次方成正比,也可用辐射换热系数进行计算。对矿内通风与空调的温度范围来说,辐射换热系数基本上没有多大变化,其值主要取决于两物体表面温度差的平均值,而不取决于某个单独的数值。如果围岩温度为 30 ℃,无论是否考虑辐射换热,矿井风流温、湿度的计算误差均小于 0.15%。因此,在巷道围岩温度不高的情况下,一般可以忽略辐射换热对矿井风流稳定性的影响。

3.2.4 受风流冷却时间长的围岩非稳态温度场

根据前面的假设,可建立圆形干燥平巷围岩温度场的数学模型为:

$$\frac{\partial^2 T}{\partial r^2} + \frac{1}{r}\frac{\partial T}{\partial r} - \frac{1}{a}\frac{\partial T}{\partial \tau} = 0 \tag{3-31}$$

$r = R_0$ 时,

$$\lambda\frac{\partial T}{\partial r} = \alpha(T - T_k) \tag{3-32}$$

$r \to \infty$ 时,

$$T = T_y \tag{3-33}$$

$\tau = 0$ 时,

$$T = T_y \tag{3-34}$$

式中 T_k——井巷风流温度,℃;

$\quad\quad T_y$——原岩温度,℃;

$\quad\quad R_0$——巷道当量半径,m,$R_0 = 0.564\sqrt{F}$;

　　F ——巷道断面积，m^2。

　　用拉普拉斯积分变换，逆变换后求得风温一定时的围岩温度为：

$$x(\Omega \cdot \rho) = 1 - \frac{2}{\pi} \int_0^\infty \frac{C}{J^2 + r^2} \cdot \frac{\mathrm{e}^{-V^2\Omega}}{V} \mathrm{d}V \tag{3-35}$$

式中　　V ——积分变量；

$$x(\Omega, \rho) = \frac{T - T_\mathrm{y}}{T_\mathrm{k} - T_\mathrm{y}};$$

$$\Omega = \frac{a\tau}{R_0^2};$$

$$\rho = \frac{r}{R_0};$$

$$J = J_0(V) + \frac{V}{\sigma} J_1(V);$$

$$Y = Y_0(V) + \frac{V}{\sigma} Y_1(V);$$

$$C = Y_0(V\rho)J + J_0(V\rho)Y;$$

$$\sigma = \frac{\alpha R_0}{\lambda}.$$

　　其中，J_0、J_1 和 Y_0、Y_1 分别为第一类零阶、一阶贝塞尔函数和第二类零阶、一阶贝塞尔函数。

　　从式(3-35)可以得到风温为定值时，围岩对风流的放热量为：

$$q = \lambda \left(\frac{\partial T}{\partial r}\right)_{r=R_0} = \frac{\lambda}{R_0}(T_\mathrm{k} - T_\mathrm{y})\left(\frac{\partial x}{\partial \rho}\right)_{\rho=1} \tag{3-36}$$

$$\left(\frac{\partial x}{\partial \rho}\right)_{\rho=1} = -\left(\frac{2}{\pi}\right)^2 \int_0^\infty \frac{1}{J^2 + Y^2} \cdot \frac{\mathrm{e}^{-V^2\Omega}}{V} \mathrm{d}V \tag{3-37}$$

　　上述是用数学物理方法求解偏微分方程，得到温度与空间变量 r 和时间变量 V 之间的函数关系式，通过解函数可得到围岩内任意位置、任何时刻的温度值。但是这个计算过程其极复杂，尤其是在巷道形状、大小各异和非线性边界条件下，求解就显得更加困难。因此，可采用数值计算法来求解偏微分方程。

3.3　井巷围岩调热圈温度场数值模拟

3.3.1　围岩调热圈温度场数值解算

　　围岩散热是影响矿井风流温度的主要因素。煤岩体在巷道中还没有被挖掘时，煤岩体内各点的温度均与原岩温度相等，即处于热平衡状态。当巷道掘进以后，该热平衡状态被破坏，围岩会向流动的风流中散热，且风流将热量带走，使得围岩内温度不断降低，直到达成新的热平衡。随着新掘进巷道通风时间延长，围岩内各点的温度将随流动风流而减小，但距井巷中心某一距离以外的围岩没有受风流的影响，仍维持着原岩温度。原岩温度的等温线（未受风流温度影响的边界线）包围的区域称为井巷围岩调热圈，又称为冷却带，调热圈内的温度分布称为调热圈温度场。

　　确定围岩内任意位置、任意时刻的温度值对于掌握调热圈的范围很重要。采用有限差分法求解调热圈温度场,是把围岩分割成有限数目的网格单元,用有限差商代替微商(即导数),从而将微分方程变化为差分方程。

假设巷道断面为圆形,沿井巷长度方向将巷道划分为轴向单元,如图 3-6 所示,每个轴向单元在无限扩展的岩体中为圆形平巷,一个轴单元内风温为定值,取垂直于轴向单元长轴的巷道断面一弧度(1 rad),单位轴向长度取 D_x,把包围圆形巷道的围岩从巷壁 $R(1)$ 开始等长分割成 $R(2)$、$R(3)\cdots R(I-1)$、$R(I)$、$R(I+1)\cdots$ 的一系列同心圆,从壁面为 $P(1)$ 编号开始,把两分割圆周距离的中心分别定为 $P(2)$[$P(2)$ 为温度不变的原岩温度点],各 P 点处相对应的岩温为 $T(1)$(壁温)、$T(2)$、$T(3)\cdots T(I-1)$、$T(I)$、$T(I+1)\cdots T(NRZ)$。可以求解不同时刻岩体内 $T(1) \sim T(NRZ)$ 的温度值。按上述围岩的划分,有:

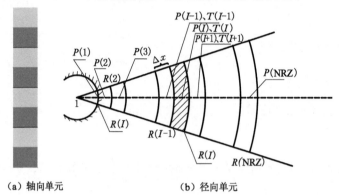

(a) 轴向单元　　　　　　　**(b) 径向单元**

图 3-6　巷道调热圈轴向单元与径向单元划分

$$P(I) = R(1) \tag{3-38}$$

$$P(I) = \frac{R(I+1) + R(I)}{2} \tag{3-39}$$

(1) 围岩向巷道移动的热流密度 q

$$q = \frac{2\pi\lambda}{\ln(r_2/r_1)}(T_1 - T_2) \tag{3-40}$$

用弧度表示,则

$$q = \frac{\lambda}{\ln(r_2/r_1)}(T_1 - T_2) \tag{3-41}$$

围岩向巷道在一弧度范围内总热量为:

$$Q = \frac{\lambda D_x}{\ln(r_2/r_1)}(T_1 - T_2) \tag{3-42}$$

(2) $P(I)$ 点的热平衡(在 $I \neq 1$ 时)

由 $P(I-1)$ 流向 $P(I)$ 的总热量＋由 $P(I+1)$ 流向 $P(I)$ 的总热量 = $P(I)$ 点温升所得到的热量,即:

$$\frac{\lambda D_x}{\ln[P(I)/P(I-1)]}(T_{I-1} - T_I) + \frac{\lambda D_x}{\ln[P(I+1)/P(I)]}(T_{I+1} - T_I)$$
$$= \frac{[R(I)]^2 - [R(I-1)]^2}{2} D_x c_p \rho \frac{T'_I - T_I}{\Delta \tau} \tag{3-43}$$

令　　　　　　$$A_I = \frac{[R(I)]^2 - [R(I-1)]^2}{2} c_p \rho$$

则
$$T'_I = C_I T_{I-1} + C_A T_{I+1} + C_M T_I \tag{3-44}$$

式中 T'_I——经过时间 $\Delta\tau$ 后 t_I 的温度，℃。

$$C_I = \frac{\lambda \Delta\tau}{\ln\left[\dfrac{P(I)}{P(I-1)}\right] A_I}$$

$$C_A = \frac{\lambda \Delta\tau}{\ln\left[\dfrac{P(I+1)}{P(I)}\right] A_I}$$

$$C_M = 1 - C_I - C_A$$

由式(3-44)，从某时刻各节点 $P(I-1)$、$P(I)$、$P(I+1)$ 的温度 T_{I-1}、T_I、T_{I+1}，可求出 $\Delta\tau$ 时间后点 $P(I)$ 的温度 T'_I。

差分式(3-44)的稳定性条件应保证：

$$C_I + C_A \leqslant 1$$

即时间间隔要求：

$$\Delta\tau \leqslant \frac{1}{\dfrac{\lambda}{\ln\left[\dfrac{P(I)}{P(I-1)}\right] A_I} + \dfrac{\lambda}{\ln\left[\dfrac{P(I+1)}{P(I)}\right] A_I}} \tag{3-45}$$

当 $\Delta\tau$ 选得过大时，$C_I + C_A > 1$ 即式(3-44)中 t_I 的系数 C_M 出现负值，这样不同时刻的计算值就会出现波动，导致出现违反热力学第二定律的结论。

很明显，半径间隔和时间间隔 $R(I) - R(I-1)$ 选得越小，则温度分布的结果越精确，但是整个求解过程就越耗费时间，需按精度要求择优选取。

（3）特征点的计算

① 壁温 T_b

由对流放热有：

$$Q_{2b} = \frac{\lambda}{\ln\left[\dfrac{P(2)}{R(1)}\right]}(T_2 - T_b) \tag{3-46}$$

式中 T_2——$P(2)$ 点处的温度，℃。

所以，

$$\alpha R(1) T_b + \frac{\lambda}{\ln\left[\dfrac{P(2)}{R(1)}\right]} T_b = \frac{\lambda}{\ln\left[\dfrac{P(2)}{R(1)}\right]} T_2 + \alpha R(1) T_1$$

得

$$T_b = \frac{H T_2 + M T_1}{M + H} \tag{3-47}$$

式中

$$H = \frac{\lambda}{\ln\left[\dfrac{P(2)}{R(1)}\right]}; M = \alpha R(1)$$

② 2 点的温度

经过时间 $\Delta\tau$ 后，求算 2 点温度 T'_2。先设起始值 $T_2 = T_y$，有

$$\frac{\lambda D_x}{\ln\left[\dfrac{P(2)}{R(1)}\right]}(T_b - T_2) + \frac{\lambda D_x}{\ln\left[\dfrac{P(3)}{R(2)}\right]}(T_3 - T_2) = \frac{[R(2)]^2 - [R(1)]^2}{2}D_x c_p \rho \frac{T'_2 - T_2}{\Delta \tau}$$

$$(3\text{-}48)$$

所以，

$$t'_2 = C_I t_b + C_A t_3 + C_M t_2 \tag{3-49}$$

式中

$$C_I = \frac{\lambda \Delta \tau}{\ln\left[\dfrac{P(2)}{R(1)}\right]A_n}$$

$$C_A = \frac{\lambda \Delta \tau}{\ln\left[\dfrac{P(3)}{R(2)}\right]A_n}$$

$$C_M = 1 - C_I - C_A$$

$$A_n = \frac{[R(2)]^2 - [R(1)]^2}{2}c_p \rho$$

③ 求出不同时刻的调热圈半径

在不同时刻各温度点均达到平衡以后，井巷中心到围岩中未受影响而保持原岩温度（在误差精度范围内）点的距离，即为该时刻的围岩调热圈半径。

3.3.2 围岩调热圈温度场求解流程

将入口风温以时间序列形式记录，则在每一个 $\Delta \tau$ 时刻都有对应的入口风温。依据以上模型可以得到入口风温变化情况下井巷围岩调热圈温度场的计算程序，采用 C$^\sharp$ 语言开发的计算软件窗口如图 3-7 所示，求解流程图如图 3-8 所示。

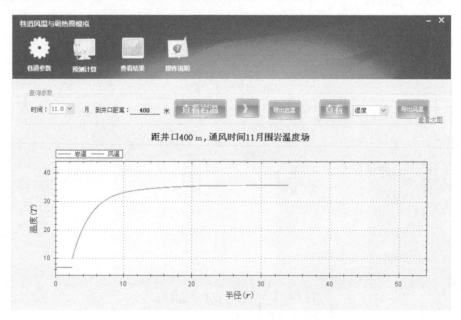

图 3-7　计算软件窗口界面

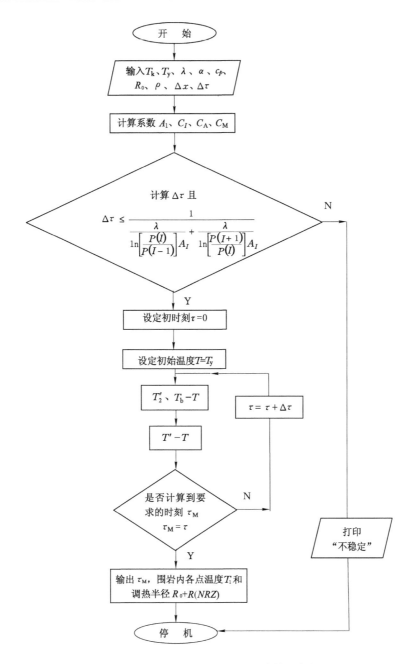

图 3-8 轴向单元调热圈温度场的计算程序框图

3.3.3 非稳态风温下围岩调热圈温度场数值模拟

以赵楼矿三采煤仓检修通道风门以外 50 m 处的巷道为例。联络巷供风量为 800 m³/min,通风时间为 3 a,巷道宽 6 m,高 4 m,为半圆拱形。围岩导热系数为 3.35 W/(m·℃),原岩温度为 41 ℃,导温系数为 1.269×10^{-6} m²/s。

围岩温度场会随着一年四季风流温度的变化而产生周期性变化,其中冬季蓄冷,夏季冷却进风,春秋两季为风流冷却围岩与围岩冷却风流之间相互转换。采用自编软件计算了赵楼煤矿副井通风第 1、3 年时巷道围岩温度场,如图 3-9 和图 3-10 所示。

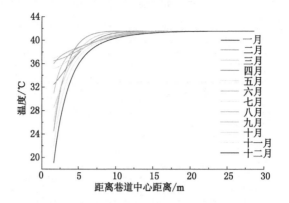

图 3-9　围岩温度距巷道中心距离关系图(通风时间 1 a)

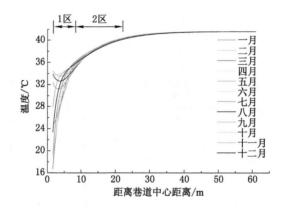

图 3-10　围岩温度距巷道中心距离关系图(通风第 3 年)

由图 3-9 和图 3-10 可以看出:在靠近壁面处的围岩温度梯度较大,离巷道壁面越远,围岩温度越高,越接近原岩温度。冬季风流温度低于围岩温度,通过热交换使围岩温度下降,随着围岩距巷道中心距离越大,受到的影响越小。春季气温开始升高,围岩在冬季蓄积的冷量开始缓慢地释放;夏季进风风流温度高于围岩的温度,风流受围岩冷却,温度降低;秋季气温降低,围岩温度再次受到冷却,围岩温度下降并蓄积冷量。随着围岩与空气热交换时间的延长,围岩与风流形成的调热系统将会趋于周期性的稳定。由图 3-10 可知,在季节性风温作用下 1 区围岩对风流有明显的调热作用,2 区围岩温度单调变化。可见在季节性风温与深部高温岩体共同作用下调热圈的调节作用有限,地面集中制冷的冷量被围岩吸收的也有限,井下能保持一定的降温效果;但是,通过围岩自身调节能力还不能完全达到浅部矿井那样"冬暖夏凉"的效果。

通过对调热圈半径计算分析,如图 3-11 所示。当风流温度与围岩原岩温度不同时,两者会发生热交换,当达到热平衡时,井巷中心到围岩中未受影响而保持原岩温度点的距离,即调热圈半径。从矿井开始通风,围岩由于受到进风风流影响,使得围岩温度变化范围越来越大,其调热圈半径增大。随着通风时间延长,调热圈半径增大,其增大率逐渐减小,最后趋于稳定并保持在一定范围内。

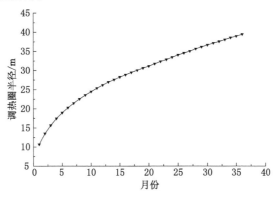

图 3-11 通风 3 a 调热圈半径

调热圈能使岩体内的巨大能量逐渐与风流进行热湿交换,其调热圈半径和温度场可以表征围岩热交换能力。巷道调热圈半径的大小一般随着巷道通风时间延长而增加。在巷道开挖初期,围岩与风流的热交换量大,调热圈内围岩的温度变化率非常大;随着通风时间的延长,围岩冷却范围逐渐向围岩内部扩展。当巷道通风一定时间后,通风时间对围岩温度及调热圈半径的影响甚微,几乎可以认为不变。岩石导温系数值越大,温度传导和岩石冷却速度就越快,调热圈半径越大。巷道几何尺寸、对流换热系数及风流湿度等则对调热圈半径影响较小。因此,调热圈冷却范围相对较为稳定。

3.4 巷道围岩调热圈温度场监测及对比分析

3.4.1 监测系统装置

为了将实际情况下巷道围岩调热圈温度场和数值模拟结果进行对比,开展了现场实测工作。本试验采用自行研制的矿用分布式光纤测温系统对地质钻孔温度场进行监测,克服热敏电阻测温点多、测点距定位难、监测强度大、日常维护困难等问题。该系统由脉冲激光器、WDM(wavelength division multiplexing)感温光纤、APD(avalanche photodiode)光电探测器、16 位高速数据采集卡、信号处理系统等组成,如图 3-12 所示。感温光纤与井下 DTS 分站相连接,DTS 分站实现温度信号的解调、结果的显示和存储,然后将采集的温度信息经矿井工业以太环网发送到井上安全监测中心的监控主机。感温光纤空间采样间隔不大于 0.25 m;传输距离不大于 4 km;测温范围为 −20~130 ℃;通道数为 4 个;测温精度为 ±1 ℃;测温响应时间小于 3 s。该系统能够实时、准确、连续地监测巷道围岩调热圈温度场分布。

3.4.2 监测位置及测点

监测位置选择在赵楼矿三采煤仓检修通道风门以外 50 m 处,联络巷供风量为 800 m³/min,通风时间为 6 a,巷道宽 6 m,高 4 m,为半圆拱形。在联络巷施工钻孔 3 个,其钻孔基本参数见表 3-12,钻孔剖面图如图 3-13 所示。通过单向固定装置分别将测温光纤固定在 3 个钻孔中,水泥封孔 0.2 m,分别接到测温主机的 1、2、4 通道。测温主机直接接入井下环网,通过交换机将数据传输至监控中心。钻孔布置如图 3-14~图 3-16 所示。

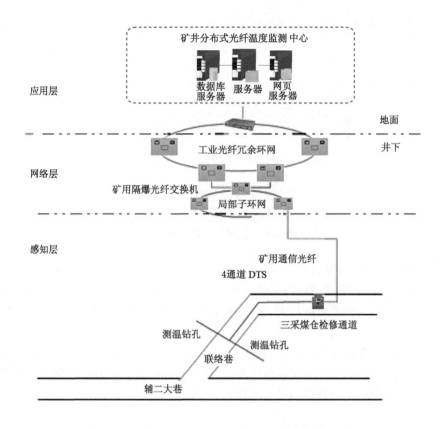

图 3-12 矿用分布式光纤测温围岩温度场系统布置图

表 3-12 监测钻孔基本参数表

钻孔编号	深度/m	巷道水平夹角/(°)	巷道垂直夹角/(°)	测温主机通道	监测时间/d	测温光纤总长度/m
1#	50	6	0	1	4	100
2#	50	70	90	2	5	170
3#	50	55	60	4	6	128

3.4.3 监测结果及分析

通过对钻孔围岩温度连续 4～5 d 监测,分别取其每个钻孔温度数据进行分析。

(1) 1# 孔温度

1# 孔于 8 月 11 日施工完毕,8 月 12 日将测温光纤放置钻孔中,开始监测钻孔内围岩温度。经测试分析,围岩温度与钻孔深度的关系如图 3-17 所示,对钻孔内温度稳定以后的测温数据取加权平均值,消除测温过程中系统误差以提高测温结果准确度,拟合曲线如图 3-18 所示。

由图 3-17 和图 3-18 可知:围岩温度随着钻孔深度增加而表现为先上升后下降的趋势,在 32.75 m 时达到最大值为 40.29 ℃。在最大值之前,钻孔围岩温度随距离的增加其增长率不断减小,随后转为缓慢下降,单位距离的温度随钻孔深度的增加而减小。这是由于 1#

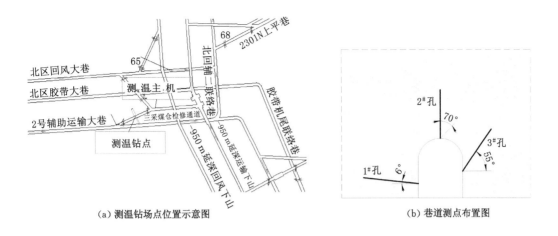

（a）测温钻场点位置示意图　　　　　（b）巷道测点布置图

图 3-13　巷道围岩温度场测温钻场布置图

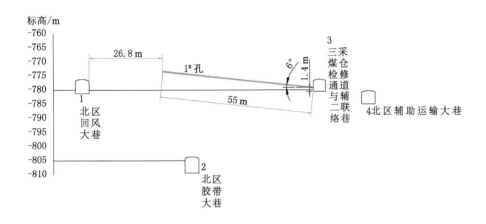

图 3-14　1#孔布置图

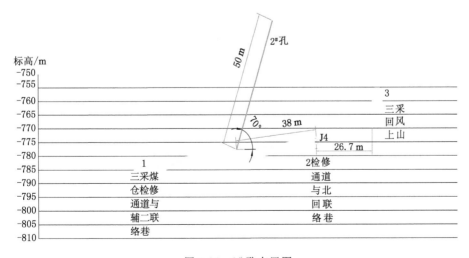

图 3-15　2#孔布置图

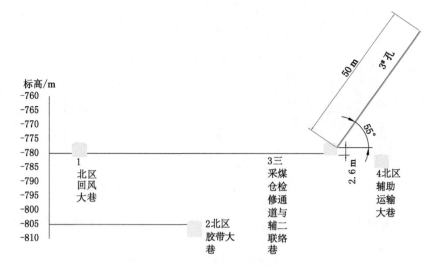

图 3-16   3[#]孔布置图

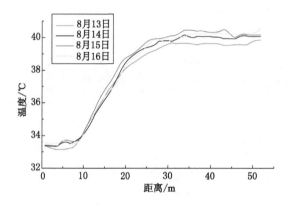

图 3-17   1[#]孔围岩温度与孔深关系曲线

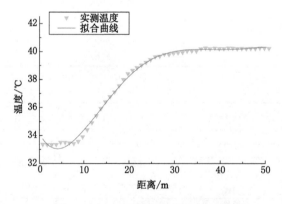

图 3-18   1[#]孔围岩温度与孔深关系拟合

孔末端位置距北回风大巷仅有 26.4 m,使其进入北回风大巷调热圈,造成 1[#]孔围岩温度在 32.75 m 之后下降。

（2）2[#]孔温度

2#孔于 8 月 6 日施工完毕,8 月 7 日将测温光纤放置钻孔中,开始监测钻孔内围岩温度。围岩温度与钻孔深度关系如图 3-19 所示。对钻孔内温度稳定后的测温数据取加权平均值,消除测温过程中系统误差以提高测温结果准确度,拟合曲线如图 3-20 所示。

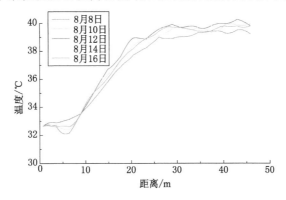

图 3-19   2#孔围岩温度与孔深关系曲线

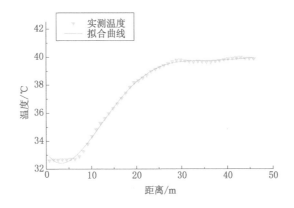

图 3-20   2#孔围岩温度与孔深关系拟合曲线

由图 3-19 和图 3-20 可知:2#孔围岩温度随深度的增加而不断升高,温度增加速率随深度的增加而逐渐降低,钻孔深度超过 30 m 以后围岩温度趋于平缓,基本不再增加,自 8 月 8 日开始测温,钻孔内围岩温度在一天之内变化不大,相对稳定,最高达到 40.0 ℃。在钻孔深入围岩 28.5 m 以后,岩石的温度接近岩石原始温度,即围岩的调热圈半径为 28.5 m。当巷道温度在较长时间内不产生大幅度变化时,围岩调热圈半径也不会发生较大变化。

（3）3#孔温度

3#孔于 8 月 9 日施工完毕,8 月 10 日将测温光纤放置钻孔中,开始监测钻孔内围岩温度。围岩温度与钻孔深度的关系如图 3-21 所示。对钻孔内温度稳定后的测温数据取加权平均值,消除测温过程中系统误差以提高测温结果准确度,拟合曲线如图 3-22 所示。

由图 3-21 和图 3-22 可知:3#孔围岩温度随着钻孔深度增加而升高,其增加速率随深度增加而降低,超过 30 m 以后围岩温度趋于平缓,基本不再增加,自 8 月 11 日开始测温,钻孔内围岩温度在一天之内相对稳定。围岩温度随时间增加而逐渐趋于稳定,最高达到 40.9 ℃,围岩调热圈半径为 30.5 m。

通过对三采煤仓检修通道与辅二大巷进风联络巷围岩调热圈温度场分析(表 3-13),距

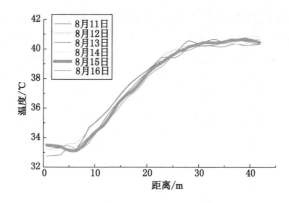

图 3-21　3#孔围岩温度与孔深关系曲线

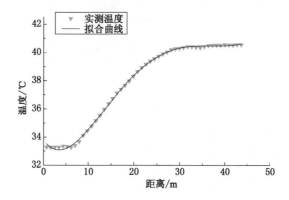

图 3-22　3#孔围岩温度与孔深关系拟合曲线

离巷道壁面越远则围岩温度越高,相同温差时等温线之间的差距越大,原岩温度在 40.0 ℃左右时不再明显增加,保持稳定。由于巷道调热圈半径等于岩石温度未稳定段岩石厚度加上巷道等效半径,则围岩调热圈半径最大为 33 m。

表 3-13　围岩温度与围岩深度之间的关系

1#孔		2#孔		3#孔	
围岩深度/m	温度/℃	围岩深度/m	温度/℃	围岩深度/m	温度/℃
6.71	34.40	6.34	34.34	6.17	33.27
9.70	35.93	10.10	35.97	9.82	34.45
11.69	36.77	11.98	36.66	11.65	35.17
14.67	37.99	14.80	37.85	15.30	36.74
18.65	39.02	19.50	38.98	18.04	37.66
24.61	39.78	25.14	39.77	23.52	39.39
29.59	40.06	28.84	39.79	31.74	40.42

3.4.4　模拟结果与实测对比

将巷道中布置的 2#、3# 孔实测温度值与围岩温度场预测值进行对比分析,结果如

图 3-23 所示。

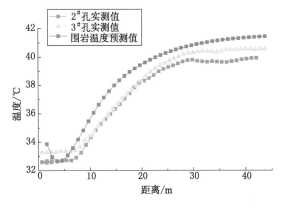

图 3-23　巷道围岩调热圈温度预测与实测值对比图

由图 3-23 可以看出:不同深度各点实测值与预测值基本吻合,但钻孔实测值低于预测值。其主要原因是风流与围岩热湿交换过程中影响因素较多,而且各因素之间还往往相互制约,主要包括风流速度、风流压力及巷道壁面粗糙程度等,而预测时假设条件较为理想,因此,其值均大,但两者误差值均在 5% 以内,表明该非稳态风温下围岩温度场数值模拟较为准确。

3.5　井口风温对井下风温影响的数值模拟

3.5.1　季节性风温对井下风温的影响模拟

气温和调热圈内岩温具有类同的变化周期,温度变化幅度随径向距离增加而衰减。围岩原始温度和风流温度决定着调热圈半径的大小。原岩温度、风流温度越高,调热圈半径越小,调热能力越小。随着开采深度增加,原岩温度增大,其对风流温度的调热能力减小,因此,在采掘工作面呈现出季节性温度升高的现象。

取赵楼煤矿地面进风井口至 3302 采煤工作面入风口的一段通风路线,即"矿井副立井→南部二号轨道大巷(分三段)→3302 工作面运输平巷",分析地表季节性温度在井下热源作用下的风温变化情况。各段风路中的风量取解算风量,其他参数见表 3-14。根据赵楼矿区的气象参数,绘制了如图 3-24 所示的地面 3 a 风温变化情况,地表湿度取平均值 50%。

表 3-14　进风路线上井巷参数表

巷道名称	风量 /(m³/s)	长度/m	断面/m²	周长/m	导热系数 /[W/(m·℃)]	围岩比热容 /[J/(kg·℃)]	入口标高 /m	出口标高 /m
副立井	300.00	905.00	39.0	22.10	2.320	920	45	−860
南部二号轨道大巷 1 段	122.10	783.60	20.9	17.80	1.745	959	−755	−850
南部二号轨道大巷 2 段	70.27	111.89	20.9	17.83	1.745	959	−850	−860
南部二号轨道大巷 3 段	58.46	555.57	20.9	17.83	1.745	959	−870	−900
3302 工作面运输平巷	6.67	109.08	17.0	16.08	1.745	959	−900	−916

根据以上原始数据,可以得到热源中仅考虑围岩散热井底 3 a 内随地表风温变化的温度预测结果,如图 3-25 所示。

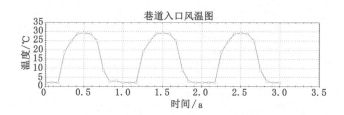

图 3-24   3 a 内地表风温变化情况

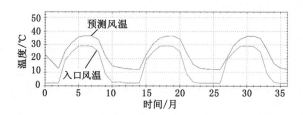

图 3-25   副井井底风温变化

将上图中预测风温的模拟数据作为下一条巷道的入口风温进行模拟,以此类推实现表 3-14 中所有风路上风温的模拟,模拟结果如图 3-26～图 3-29 所示。

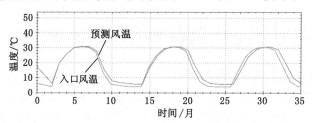

图 3-26   南部二号轨道大巷 1 段出口处风温变化

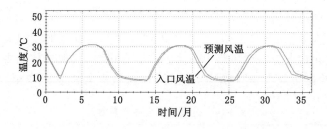

图 3-27   南部二号轨道大巷 2 段出口处风温变化

从以上通风线路上的预测结果来看,地表风温的变化可以明显地引起井下风温的变化,因此对赵楼煤矿采取全井口全风量降温能够降低井下各地点的风温。

3.5.2   井口集中制冷后井巷调热圈模拟

为了掌握井口全风量降温后井巷温度场分布,需要模拟采用井口集中制冷后井巷调热圈变化。模拟计算副井口夏季连续 3 a 制冷后井底的风温预测结果如图 3-30 所示,地面集中制冷 1 个月、6 个月、3 a 的井巷调热圈变化如图 3-31～图 3-33 所示。

矿井原岩温度虽然较高,但在通风一段时间后,围岩冷却带可以达到一定的半径,当

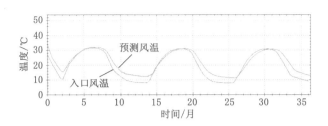

图 3-28 南部二号轨道大巷 3 段出口处风温变化

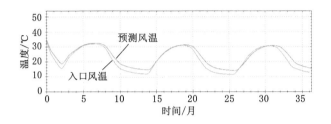

图 3-29 3302 工作面运输平巷出口处风温变化

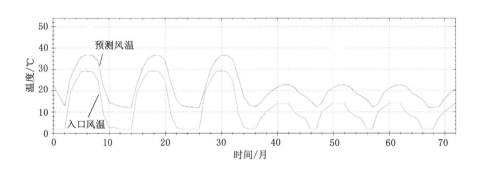

图 3-30 副井口夏季连续 3 a 制冷后井底风温预测结果

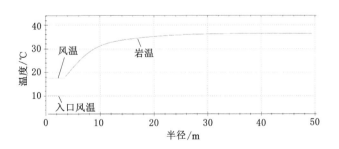

图 3-31 地面集中制冷 1 个月井底调热圈温度场与风温

高温岩体离井巷中心有一定距离时,对风流加热作用有限。井口集中制冷后,削平了季节性高温波峰,改变了围岩调热圈温度分布规律,随着通风时间的增加,调热圈半径在不断扩大,并形成永久调热圈,壁面温度、温度梯度和围岩散热量随通风时间递增而递减,递减幅度越来越小。永久调热圈的范围向纵深扩展,矿井主干进风路线上的围岩对风流

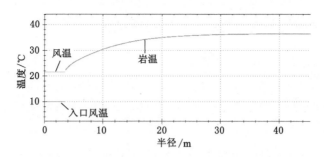

图 3-32　地面集中制冷 6 个月井底调热圈温度场与风温

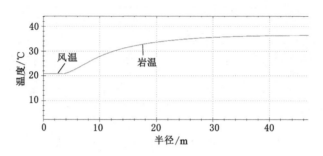

图 3-33　地面集中制冷 3 a 井底调热圈温度场与风温

的加热作用将变小。

3.6　本 章 小 结

本章探讨了井巷围岩温度场对风流温度的调节作用,建立了非稳态风温作用下井巷调热圈与风温预测模型,开发了相应的预测分析软件,并基于调热圈温度场分布研究从地面井口对入井风温实施降温除湿的可行性,主要结论如下:

(1)采用激光导热仪实验测试了煤岩体和风筒在温度为 10～60 ℃ 的导热系数,为围岩温度场预测提供了基础参数。

(2)通过建立非稳态风温下井巷围岩温度场计算模型,提出了非稳态入口风温下差分法调热圈数值计算法并开发了相应计算分析软件,将入口风温以时间序列的形式记录,得到入口风温变化情况下井巷围岩调热圈的温度场。调热圈内岩温和气温具有类同的变化周期,温度变化幅度随径向距离的增加而衰减。

(3)采用分布式光纤测温系统对赵楼煤矿围岩温度场分布进行实测,调热圈半径为 28～33 m,与计算结果相比基本吻合,表明非稳态入口风温下差分法调热圈数值计算法,能够较为准确地模拟季节性风温作用下井巷围岩温度场分布及其调热圈半径。

(4)预测了井口制冷后围岩调热圈的温度分布,通风时间越长,调热圈半径不断扩大,并形成永久调热圈,矿井主干进风路线上的围岩对风流的加热作用将变小。

4　矿井风温计算模型及预测

　　矿井季节性高温热害主要是由进风温度和围岩温度高而引起的。矿井风温预测是确定井下空气状态参数的基础,为掌握井下热害分布规律提供了依据。根据矿井各类巷道中风流与环境之间的热湿交换原理,应用数学分析和数理统计相结合的方法,推导出各类井巷风流温度的计算公式,对矿井风流温度进行预测。本章结合矿井季节性热害的特点,在单一井巷风温预测模型的基础上,建立了以矿井全风网解算为基础的矿井风温、湿度预测模型,开发了井下巷道风温、湿度计算的预测软件,通过对现场相关参数的测定和对比,实现矿井风温的预测。

4.1　矿井单一井巷风温计算模型

4.1.1　井下热源分析

　　井下的主要热源有井巷围岩散热、氧化散热、机电设备运转时放热、热水散热、人体散热及空气自身压缩(膨胀)散(吸)热等。其中散热量计算如下:

　　(1) 井巷围岩散热

　　采用不稳定传热系数计算围岩散出的热量为

$$q_{ck} = K_\tau (T_y - T_k) \cdot U \cdot L = \frac{\lambda}{R_0} K_{\mu\tau} (T_y - T_k) \cdot U \cdot L \tag{4-1}$$

式中　T_y——原岩温度,℃;

　　　　T_k——巷道平均风温,在巷道长度 L 较小时用入口风温代替巷道平均风温,℃;

　　　　U——周长,m;

　　　　λ——岩石导热系数,kW/(m·℃);

　　　　R_0——巷道当量半径,m;

　　　　K_τ——不稳定传热系数,kW/(m²·℃),K_τ 与无因次不稳定传热系数 $K_{\mu\tau}$ 之间的关系为:

$$K_\tau = \frac{\lambda K_{\mu\tau}}{R_0} \tag{4-2}$$

　　$K_{\mu\tau}$ 是毕渥准数 Bi 与傅里叶准数 Fo 的函数,即 $K_{\mu\tau} = f(Bi, Fo)$,$K_{\mu\tau}$ 的解析式十分复杂,本书采用岑衍强等提出的回归计算式:

$$K_{\mu\tau} = \exp\left[(A + B\ln Fo + C\ln^2 Fo) + \frac{A' + B'\ln Fo + C'\ln Fo}{Bi + 0.375}\right] \tag{4-3}$$

　　当 $Fo \geqslant 1$ 时,$A = 0.020\,01$,$A' = -1.061\,628$,$B = -0.299\,841\,3$,$B' = 0.136\,679\,4$,$C = 1.597\,64 \times 10^{-2}$,$C' = -9.702\,536 \times 10^{-3}$。

　　当 $0 < Fo < 1$ 时,$A = 2.409\,134 \times 10^{-2}$,$A' = -1.063\,224$,$B = -0.314\,263\,4$,$B' =$

$0.151\ 002, C = 1.469\ 856 \times 10^{-2}, C' = -1.625\ 136 \times 10^{-2}$。

（2）氧化散热

$$Q_{OX} = q_0 \cdot U \cdot L \cdot W^{0.8} \qquad (4-4)$$

式中　q_0——当量氧化散热系数，kW/m^2，岩石巷道在$(0.12 \sim 0.87) \times 10^{-3}\ kW/m^2$之间取值，采准巷道在$(1.5 \sim 6.7) \times 10^{-3}\ kW/m^2$之间取值，采煤工作面取$6 \times 10^{-3}\ kW/m^2$；

　　　　W——巷道平均风速，m/s。

（3）机电设备散热

$$Q_m = N_m \cdot K_m \qquad (4-5)$$

式中　N_m——设备额定功率，kW；

　　　　K_m——综合系数，一般取0.2，水泵取$0.035 \sim 0.040$。

（4）热水散热

对于有盖水沟的散热，对风温影响小，可忽略不计。无盖水沟中热水水面与风流间既有热交换也有质交换，显热、潜热交换量分别用式(4-6)、式(4-7)计算：

$$Q_{WX} = \alpha_W F(T_W - T_k) \qquad (4-6)$$

$$Q_{WQ} = \beta F[P_s(T_W) - \varphi P_s(T_k)] \qquad (4-7)$$

式中　α_W——水表面对空气换热系数，$kW/(m^2 \cdot ℃)$；

　　　　T_W——水温，$℃$；

　　　　F——水与空气接触面积，m^2；

　　　　β——质交换系数，在常温下可取$\beta = 0.009\ 7 \sim 0.012\ 5\ kW/(m^2 \cdot Pa)$；

　　　　$P_s(T_W)$——水面温度为T_W时对应的饱和蒸气压力，Pa；

　　　　$P_s(T_k)$——空气温度为T_k时水蒸气分压力，Pa；

　　　　φ——风流的相对湿度。

另外，风流因为质交换增加的水蒸气量为

$$M_1 = \frac{Q_{WQ}}{r} \qquad (4-8)$$

式中　r——水蒸气的汽化潜热，kJ/kg。

（5）人体散热

井巷中工人同时工作时总的散热量为

$$Q_r = q_r \cdot n \qquad (4-9)$$

式中　q_r——重体力劳动者平均散热量，$q_r = 0.4\ kW/人$；

　　　　n——井巷中同时工作人数，人。

（6）压缩放热

风流在有标高差的巷道中下行放热、上行吸热，其放（吸）热量为

$$Q_F = 9.81 \times 10^{-3} M(Z_1 - Z_2) \qquad (4-10)$$

式中　M——风流通过巷道的质量流量，kg/s；

　　　　Z_1, Z_2——巷道始末断面中心标高，m。

4.1.2　井巷、采煤工作面风温预测

除围岩散热与热水散热外，其他热源相对于全矿井来看，均可视作点状热源，在计算风

流湿度时,不考虑这些点状热源对风流的增湿作用,即将点状热源散热均作为显热对待。而水沟对风流的增温、增湿作用已通过式(4-6)、式(4-7)分别得到。下面通过显热比与潮湿率系数分析围岩散热对风流的增温、增湿计算模型。

(1)显热比

围岩通过巷壁放散的全热量 q_{ch} 可分为消耗于风流干球温度上升的显热 q_x 与作用于水蒸发的潜热 q_q 两部分,即 $q_{ch}=q_x+q_q$。显热比是 q_x 与 q_{ch} 的比值。记 c_{pk} 为空气的比定压热容,ΔT_k、Δi 分别为风流流经区段的风温差与焓差,G 为质量流量,则显热比可以通过测定 ΔT_k、Δi 按下式求得:

$$\varepsilon = \frac{q_x}{q_{ch}} = \frac{Gc_{pk}\Delta T_k}{G\Delta i} = \frac{c_{pk}\Delta T_k}{\Delta i} \tag{4-11}$$

(2)巷道潮湿率 f

潮湿率是从某一潮湿程度的壁面实际蒸发的水量,与理论上完全被水覆盖的潮湿壁面蒸发的水量之比。使用潮湿率 f 表示围岩放散给风流的热量为:

$$q_{ck} = \alpha(T_b - T_k) + \frac{rf\alpha_D}{R_{sh}T}[P_s(T_b) - \varphi P_s(T_k)] \tag{4-12}$$

式中 f ——巷道潮湿率;

α ——对流换热系数,$W/(m^2 \cdot ℃)$;

α_D ——对流质交换系数,$\alpha_D = \dfrac{\alpha}{\rho_k \cdot c_{pk}}$,$m/s$;

R_{sh} ——水蒸气的气体常数,$kJ/(kg \cdot K)$;

T ——风流的绝对温度,K;

$P_s(T_b)$,$P_s(T_k)$ ——巷壁温度 T_b、空气温度 T_k 下的饱和蒸气压力,Pa。

显热比与潮湿率是表示巷道潮湿程度的两种不同概念,它们之间在数值上是有联系的。风温、湿度和潮湿率不变时,显热比与围岩散热量成正比。由于围岩放热量 q_{ch} 随时间而递减,因此,在通风开始的一段时间内 q_{ck} 较大,显热比呈正值,随着时间的增长 q_{ck} 减小,显热比会变化,当 q_{ck} 小到一定程度时,显热比出现负值,显示出巷壁水的蒸发会从风流中吸收热量,风温降低。研究表明:显热比在矿井通风过程中随时间变化较明显,导致工程中统计的显热比不适宜扩展应用到其他矿井。潮湿率虽不是潮湿壁面与干燥壁面之比,但在实践中还是容易建立起各种巷道不同潮湿程度与潮湿率的感性认识,如底板有积水比较潮湿的巷道,其潮湿率 f 可取 0.1,没有积水的可在 0.05~0.08 取值。因此,本书要求在输入的原始数据中就选用潮湿率。

(3)风流温、湿度预测

设井巷入口为 0 点,出口为 1 点,在已知潮湿率后,根据式(4-11)求得显热比 ε,则巷道的总潜热放热量为 $Q_q = (1-\varepsilon)q_{ck}$,风流在此巷道中由于围岩的增湿作用吸收的水蒸气量为

$$M_2 = \frac{Q_q}{r} \tag{4-13}$$

设巷道入口风流温度为 T_{k0},则 0 点的含湿量为

$$d_0 = 0.622\frac{\varphi_0 P_s(T_{k0})}{P - \varphi_0 P_s(T_{k0})} \tag{4-14}$$

1 点的含湿量为

$$d_1 = d_0 + \frac{M_1 + M_2}{G} \tag{4-15}$$

由此末端 1 点风温为

$$T_{k1} = T_{k0} + \frac{\varepsilon q_{ck} + Q_{WX} + Q_r + Q_F + Q_{OX} + Q_m}{G[c_{pk} + 0.5(d_0 + d_1)c_{psh}]} \tag{4-16}$$

式中　c_{pk}——干空气比定压热容，kJ/(kg·℃)；

c_{psh}——水蒸气比定压热容，kJ/(kg·℃)。

记巷道的绝对静压为 P_1，则末端 1 点的相对湿度为

$$\varphi_1 = \frac{P_1 d_1}{P_s(T_1) \cdot (d_1 + 0.622)} \tag{4-17}$$

4.1.3　掘进工作面风温的计算模型

掘进工作面围岩与风流进行热湿交换和采煤工作面与风流进行热湿交换不同，掘进工作面围岩的调热圈半径很小。再加上掘进工作面巷道有通过风筒的进风流，从风筒出来后返回风流，风流在掘进头近区（即从风筒出口至掘进迎头间的巷道）各处的进风与回风所占的通过面积和风速不等，兼有风筒参加热交换，其热移动方式如图 4-1 所示。

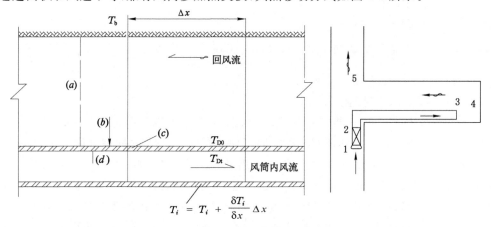

图 4-1　掘进工作面的热移动方式

掘进工作面一般采用压入式通风，其热交换一般视为等湿加热过程。

（1）局部通风机出口风温确定

巷道风流通过局部通风机后，其出口风温 T_1 可按下式确定：

$$T_1 = T_0 + k_b \frac{N_e}{M_{b1}} \tag{4-18}$$

式中　k_b——局部通风机放热系数，可取 0.55~0.70[11]；

T_0——局部通风机入口处巷道中的风温，℃；

N_e——局部通风机额定功率，kW；

M_{b1}——局部通风机的吸风量，kg/s。

（2）风筒出口风温的确定

根据热平衡方程式，风流通过风筒时，其出口风温按下式确定：

$$T_2 = \frac{2N_t T_b + (1 - N_t) T_1 + 0.01(z_1 - z_2)}{1 + N_t} \tag{4-19}$$

$$N_t = \frac{k_{ft} S_{ft}}{(p + 1) M_{b1} c_p} \tag{4-20}$$

对于单层风筒和隔热风筒分别用式(4-21)、式(4-22)计算：

$$k_{ft} = \frac{1}{\dfrac{1}{\alpha_1} + \dfrac{1}{\alpha_2}} \tag{4-21}$$

$$k_{ft} = \frac{1}{\dfrac{1}{\alpha_1} \dfrac{d_2}{d_1} + \dfrac{1}{\alpha_2} + \dfrac{d_2}{2\lambda} \ln \dfrac{d_1}{d_2}} \tag{4-22}$$

式中　T_b——风筒外平均风温，℃；

$\quad\quad z_1$——风筒入口处标高，m；

$\quad\quad z_2$——风筒出口处标高，m；

$\quad\quad k_{ft}$——风筒的传热系数，kW/(m² · ℃)；

$\quad\quad S_{ft}$——风筒的传热面积，m²；

$\quad\quad p$——风筒的有效风量率，$p = M_{b2}/M_{b1}$；

$\quad\quad M_{b2}$——风筒出口的有效风量，kg/s；

$\quad\quad \alpha_1$——巷道风流对风筒外壁的对流换热系数，kW/(m² · ℃)；

$\quad\quad \alpha_2$——巷道风流对风筒内壁的对流换热系数，kW/(m² · ℃)；

$\quad\quad d_1$——隔热风筒外径，m；

$\quad\quad d_2$——风筒内径，m；

$\quad\quad \lambda$——隔热层的导热系数，kW/(m · ℃)；

$\quad\quad c_p$——空气的比定压热容，kJ/(kg · ℃)。

（3）掘进迎头的风温

$$T_3 = \varepsilon T_4 \tag{4-23}$$

式中　T_3——掘进迎头的平均风温，℃；

$\quad\quad \varepsilon$——由围岩温度、风量、掘进头机电设备等所决定的系数[围岩温度不高时，$\varepsilon =$ 1.01～1.05；围岩温度较高（$T_y = 30 \sim 45$ ℃）时，$\varepsilon = 0.95 \sim 0.99$]；

$\quad\quad T_4$——返回风流的温度，℃。

根据热平衡方程，可以算出 T_4 的值：

$$T_4 = \frac{\alpha_3 F_2 (T_y - 0.5 T_3) - 0.597 \Delta d G_2 + 0.24 T_3 G_2}{0.5 \alpha_3 F_2 + 0.24 G_2} \tag{4-24}$$

$$F_2 = 2\pi R_2 L$$

$$D_2 = 2R_2$$

$$G_2 = G_1$$

式中　F_2——掘进头近区巷道计算用的表面积，m²；

$\quad\quad R_2$——掘进头近区巷道计算用的等值半球半径，m；

$\quad\quad R_0$——掘进巷道的等值半径，m；

$\quad\quad L$——掘进头近区巷道长度，m；

G——风流质量流量,kg/s;

Δd——风筒出口与之对应巷道断面的空气含湿量的差,g/kg,可参照邻近生产矿井
　　　资料,按表 4-1 选取(原岩温度高和巷道断面大时取大值);

α_3——掘进头近区附近岩体向风流放热的折算放热系数,kJ/(m² · ℃),可按式(4-25)
　　　计算。

表 4-1　Δd 的取值[140]

掘进巷道类型	Δd 值/(g/kg)
完全干燥	0
煤巷	0.2～0.6
半煤岩巷	0.8～1.5
岩巷	1.5～2.5

$$\alpha_3 = 2.64 M \rho_2^{0.8} \frac{V_2^{0.8}}{D_2^{0.2}} \tag{4-25}$$

$$M = (T_y/36)^{0.1}$$

$$V_2 = \frac{EG_2}{450\pi\rho_2 D_0^2} = \frac{EG_2}{1\,647 D_0^2}$$

$$E = \exp(3.279 - 0.576N)$$

$$N = L/D_0$$

式中　ρ_2——掘进头近区风流的密度,kg/m³;

　　　V_2——掘进头近区计算用的风速,m/s;

　　　D_0——掘进巷道的等值直径,m;

　　　E——掘进头近区无因次长度影响系数;

　　　N——掘进头近区巷道的无因次长度。

4.2　矿井全风网温度预测方法

4.2.1　矿井全风网解算的数学模型

　　单一巷道风温预测模型风量都是已知的,风温预测是在网络图中沿风流上游向下游逐条计算分支末端风温,进而求得所有井巷的风温。深井均是高温矿井且井下巷道温差较大,通风回路中必然形成明显的自然风压。矿井风网中存在大量自然分风网络,自然风压将显著影响这些分支中风量的分配,进而影响主要用风点入口风温的计算。可见风温与风量的计算存在相互依赖的关系,风温预测模型中将充分考虑这种关系。根据通风网络理论,对于有 n 条边,m 个节点的风网,其回路风压平衡方程、节点风量平衡方程分别如式(4-26)、式(4-27)所列:

$$f_i = \sum_{j=1}^{n} c_{ij} R_j Q_j^2 - \sum_{j=1}^{n} c_{ij} P_j, (i = 1, 2, \cdots, d = n - m + 1) \tag{4-26}$$

$$\varphi_i = \sum_{j=1}^{n} b_{ij} Q_j = 0, (i = 1, 2, \cdots, m - 1) \tag{4-27}$$

其中 c_{ij} 为 1 表示分支 j 与回路同向,为 -1 表示与回路反向,等于 0 表示分支 j 不在回路 i 中; b_{ij} 等于 0 表示节点 i 与分支 j 不相连,等于 1 表示分支 j 风流流入 i 节点,等于 -1 表示 j 分支风流流出 i 节点; R_j、Q_j 分别为分支 j 的风阻与流量。P_j 可由下式计算得到:

$$P_j = h_{\mathrm{f}} + h_z \tag{4-28}$$

式中　h_{f}——分支风机风压,Pa;

　　　h_z——高温引起的热风压,Pa,若无相应项则取零。

式(4-26)、式(4-27)中,风机风压与矿井风压都是关于分支风量的函数,当热风压已知时,只有 Q 为未知数,方程数等于未知数个数,因此是可解的。由通风网络理论可知已知余树弦的风量后,可求出所有分支的风量,即 $Q_j = F(Q_{y1}, Q_{y2}, \cdots, Q_{yd})$,因此式(4-26)也可简记为

$$f_i(Q_{y1}, Q_{y2}, \cdots, Q_{yd}) = 0, (i = 1, 2, \cdots, d) \tag{4-29}$$

4.2.2　基于斯考特-恒斯雷法的风网解算

将回路风压平衡方程(4-29)简写为

$$F(Q_y) = 0 \tag{4-30}$$

其中 Q_y 是余树叉的风量。上式是非线性方程组,采用牛顿迭代法解非线性方程组的解,第 $k+1$ 次迭代的风量计算式记为

$$Q_y^{k+1} = Q_y^k + \Delta Q_y^k$$

其中 ΔQ_y^k 的计算式为

$$\Delta Q_y^k = -\left(\frac{\partial F}{\partial Q_y}\right)^{-1}_{Q_y = Q_y} F(Q_y^k) \tag{4-31}$$

其中 $\frac{\partial F}{\partial Q_y}$ 为雅可比矩阵,即

$$\frac{\partial F}{\partial Q_y} = \begin{bmatrix} \dfrac{\partial f_1}{\partial q_{y1}} & \dfrac{\partial f_1}{\partial q_{y2}} & \cdots & \dfrac{\partial f_1}{\partial q_{yN}} \\ \dfrac{\partial f_2}{\partial q_{y1}} & \dfrac{\partial f_2}{\partial q_{y2}} & \cdots & \dfrac{\partial f_2}{\partial q_{yN}} \\ \vdots & \vdots & & \vdots \\ \dfrac{\partial f_N}{\partial q_{y1}} & \dfrac{\partial f_N}{\partial q_{y2}} & \cdots & \dfrac{\partial f_N}{\partial q_{yN}} \end{bmatrix} \tag{4-32}$$

式中　$f_i(i = 1, 2, \cdots, N)$——第 i 个回路的风压平衡方程。

基于斯考特-恒斯雷法是在雅可比矩阵基础上建立的,其具有对角线优势,即

$$\frac{\partial f}{\partial q_{yi}} \gg \sum_{j=1}^{n} \frac{\partial f_i}{\partial q_{yj}}, (i = 1, 2, \cdots, b = n - m + 1)$$

计算时略去矩阵的非对角线元素,式(4-31)简化为

$$\Delta q_{yi}^{(k)} = -\frac{f_i^k}{\dfrac{\partial f_i}{\partial q_{yi}}}, (i = 1, 2, \cdots, b)$$

$$\Delta q_{yi}^k = -\frac{\displaystyle\sum_{j=1}^{n} C_{ij}\left[R(q^{(k)})^2 - h_{\mathrm{f}j} - h_{Nj}\right]}{\displaystyle\sum_{j=1}^{n} 2R_j \mid q_j^{(k)} \mid - h'_{\mathrm{f}j}(q_j^{(k)})} \tag{4-33}$$

所有回路的风量修正值均小于预定的精度 ε，即

$$\max|\Delta q_i| < \varepsilon, (i = 1, 2, \cdots, b)$$

上式满足后求得风量值，即为网络近似自然分风值。解算流程如图 4-2 所示。

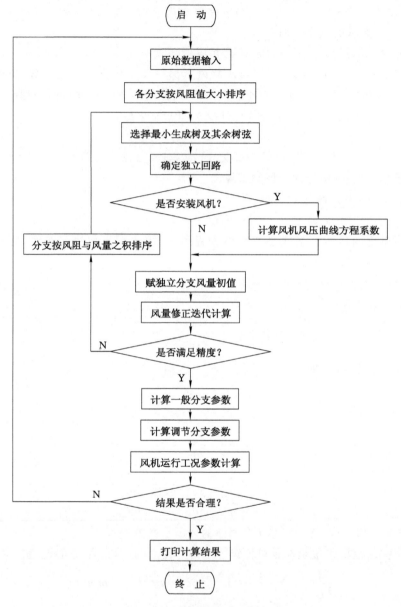

图 4-2　矿井风网解算流程图

4.2.3　矿井风量风温预测方法

式(4-28)中 j 分支的热风压可按下式计算：

$$h_{zj} = \rho_{mj} g \Delta z_j \qquad (4\text{-}34)$$

式中　ρ_{mj}——j 分支的平均密度，kg/m^3；

　　　Δz_j——j 分支始末节点的标高差，m。

对于高温矿井,风流密度变化较大,体积流量在节点处不可能守恒,但质量流量守恒。因此式(4-26)、式(4-27)中 Q_j 应采用质量流量。习惯上易获取标准状况($\rho_0 = 1.2$ kg/m³)下巷道的风阻 R_0,因此在已知分支密度 ρ_j 时,式(4-26)与式(4-27)中风阻应修正为 $R_j = R_0/(1.2\rho_j)$。

由气体状态方程与道尔顿分压定律可以得出 j 分支湿空气的平均密度计算公式:

$$\rho_{mj} = 0.003\ 484 \frac{P_j}{273 + t_{mj}}(1 - \frac{0.378\varphi_j P_s}{P_j}) \tag{4-35}$$

式中　t_{mj}——分支的平均风温,℃;

　　　φ_j——分支 j 的相对湿度;

　　　P_s——t_{mj} 温度下饱和水蒸气的分压力,Pa;

　　　P_j——j 分支的静压,Pa。

将式(4-34)、式(4-35)代入式(4-26),得

$$\sum_{j=1}^{n} c_{ij} R_j Q_j^2 - \sum_{j=1}^{n} c_{ij}(h_{fj} + 0.003\ 484 \frac{P_j}{273 + t_{mj}}(1 - \frac{0.378\varphi_j P_s}{P_j})g\Delta z_j) = 0,$$
$$(i = 1, 2, \cdots, n - m + 1) \tag{4-36}$$

上式即是由风网风量、风温与湿度所反映的风压(能量)平衡定律。其中风温 t_{mj} 与相对湿度 φ_j 的求解由单一井巷风温预测模型完成,此时风量是已知值;风量的求解由 4.2.1 小节与 4.2.2 小节中风网解算模型完成,此时风温是已知值。因此通过将单一井巷风温预测模型与风网解算模型按图 4-3 所示流程进行反复迭代,可求得最终处于平衡状态下的风温、湿度与风量预测结果。

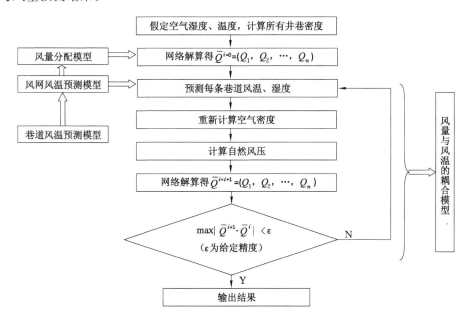

图 4-3　矿井全风网风温、风量预测迭代求解流程图

4.2.4　基于 ObjectARX 的矿井风温预测

采用 AutoCAD 作为风温预测软件开发平台。ObjectARX 是 AutoCAD 最有力的二次开发工具,按照 ObjectARX 的开发协议,通过通风网络解算软件的开发,在 AutoCAD 系

统中植入可用于专门可视化风网的"巷道""节点"等实体,通过这些实体可以承载通风网络解算与风温预测的参数,如图 4-4～图 4-6 所示。

图 4-4　巷道实体风温预测参数编辑界面

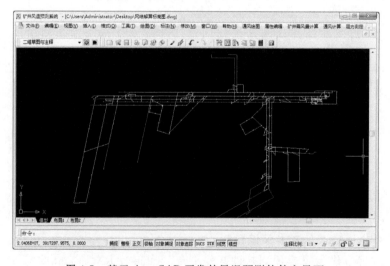

图 4-5　基于 AutoCAD 开发的风温预测软件主界面

图 4-6　预测结果统计窗口

4.3　矿井全风网风温、湿度预测及验证

4.3.1　矿井全风网风温、湿度预测

以 2013 年 9 月赵楼煤矿矿井通风系统为目标进行风温预测。采掘工作面预测结果见表 4-2。图 4-7 是经部分简化后的矿井通风网络图。采用全矿井风温预测软件对矿井进行了全风网的风温预测。风网中进风系统的预测结果见附录。

表 4-2　采掘工作面预测结果表

巷道编号	节点编号		井巷类型	分支风量/(m³/s)	温度/℃		相对湿度/%		气压/kPa	
	起点	终点			起点	终点	起点	终点	起点	终点
67	64	63	掘进工作面	5.1	27.8	30.5	35.2	95.7	110.475	110.475
68	248	65	掘进工作面	6.9	29.5	31.4	45.9	95.0	109.585	109.585
105	241	99	掘进工作面	8.0	26.8	30.2	58.4	94.6	109.649	109.649
106	239	97	掘进工作面	8.0	22.9	27.6	37.5	95.7	110.424	110.424
107	242	221	掘进工作面	8.0	26.8	30.2	58.4	94.6	109.649	109.649
121	111	110	掘进工作面	7.0	25.9	29.1	35.1	95.7	109.877	109.877
172	147	148	掘进工作面	5.1	30.8	32.4	50.1	95.9	110.260	110.260
178	153	154	采煤工作面	8.5	39.8	46.1	44.9	33.1	110.018	110.129
203	146	149	掘进工作面	5.6	29.0	31.1	31.8	95.6	110.166	110.166
212	174	171	掘进工作面	5.0	22.0	27.1	38.8	95.6	109.934	109.934
213	175	176	掘进工作面	7.0	25.0	28.7	55.6	95.2	109.445	109.445
240	249	170	掘进工作面	5.0	29.2	31.4	44.9	95.2	109.320	109.320
330	233	234	采煤工作面	20.9	25.0	29.1	35.6	30.2	110.169	109.910
336	236	237	采煤工作面	11.6	31.4	37.5	32.6	25.6	110.304	110.520
342	244	245	采煤工作面	22.5	22.4	26.3	38.5	32.7	110.300	109.766
344	246	163	掘进工作面	5.9	29.6	31.3	33.1	100	110.752	110.752
345	247	156	掘进工作面	8.0	27.9	29.8	32.60	100	109.526	109.526

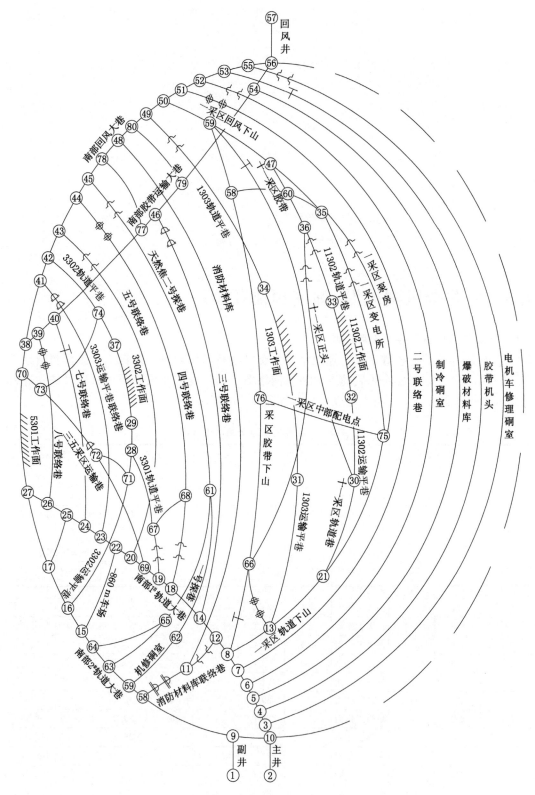

图 4-7 矿井通风网络图

4.3.2 预测及检验

通过软件模拟预测了赵楼煤矿入风井口风温为 14 ℃的全风网风量、风温与风压的结果,其主要两条进风路线的风温预测结果如图 4-8 所示。为全面了解系统运行后矿井气候的基本参数,沿采煤工作面通风线路上布置相应的测点,测试了各点的空气状态参数。观测仪器采用数字式精密气压计,干、湿球温度计,风表,水温计,测尺,WMY-01 数字测温计,红外测温仪等仪器设备;为监测矿井气候状况,在矿井不同部位安设了温、湿度监测系统,通过数据线传输到地面的监测中心,按照一定的间隔进行采样,采样数据自动存储在服务器中心。分别对副井、大巷至 3303 采煤工作面、1307 采煤工作面两条通风路线的风温进行实测,如图 4-9 所示。对监测数据进行全面分析,预测结果对比见图 4-10、表 4-3 和表 4-4。

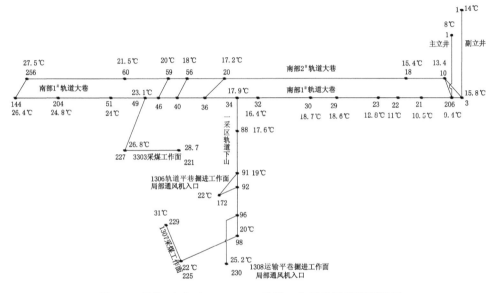

图 4-8　副井、大巷至 3303、1307 采煤工作面进风路线预测图

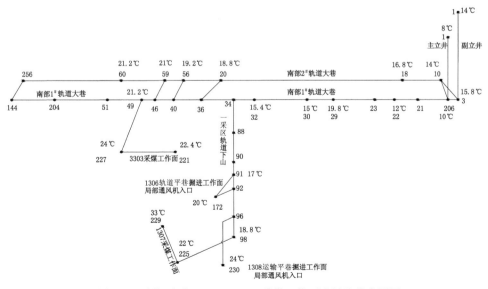

图 4-9　副井、大巷至 3303、1307 采煤工作面进风路线实测图

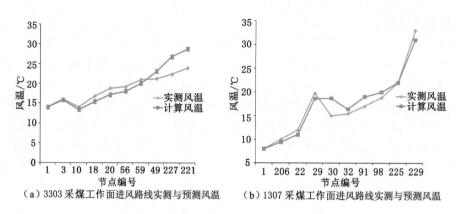

（a）3303采煤工作面进风路线实测与预测风温　（b）1307采煤工作面进风路线实测与预测风温

图 4-10　测点风流温度实测和预测对比

表 4-3　副井、大巷至 3303 采煤工作面进风路线风温预测与实测对比表

名称	节点编号	实测风温/℃	预测风温/℃	巷道断面/m²	风量/(m³/s)
副立井口	1	14.0	1.0	39.0	180
副立井井底车场	3	16.0	15.8	19.0	71
南部 2# 轨道大巷	10	14.0	13.4	0.9	80
南部 2# 轨道大巷绕口	18	1.8	15.4	20.9	127
南部 2# 轨道大巷 1# 联络巷上风口	20	18.8	17.2	20.9	127
南部 2# 轨道大巷 3# 联络巷	56	19.2	18.0	20.9	80
南部 2# 轨道大巷西部测风站	59	21.0	20.0	20.9	70
南部 1# 轨道大巷 3303 运输平巷三岔口	49	21.2	23.1	21.0	80
3303 运输平巷距隅角 15m	227	2.4	26.8	7.0	14
3303 回风隅角	221	22.4	28.7	16.0	14

表 4-4　主井、大巷至 1307 采煤工作面进风路线风温预测与实测对比表

名称	节点编号	实测风温/℃	预测风温/℃	巷道断面/m²	风量/(m³/s)
主井口	1	8.0	8.0	38.0	106
主井底	206	10.0	9.4	38.0	106
主井底回风巷	22	12.0	11.0	18.0	43
主井装载	29	19.8	18.6	21.0	144
南部 1# 轨道大巷测风站	30	15.0	18.7	21.0	144
南部 1# 轨道大巷 2# 联络巷	32	15.4	16.4	21.0	140
一采区轨道下山中部车场	91	17.0	19.0	19.0	57
1307 运输平巷进风	98	18.8	20.0	14.5	25
1307 工作面 40# 架	225	22.0	22.0	12.1	25
1307 工作面回风隅角	229	33.0	31.0	14.5	25

　　从各通风路线上测点的风流温度（图 4-9）可以看出，从地面到 1307 采煤工作面辅巷温

度增加幅度较小,而辅顺巷进风口至工作面回风巷出口增加幅度较大。说明井下热源主要集中在采煤工作面区段,而运输大巷向风流散热量较少。部分区段运输巷道从风流中吸收热量,使空气的温度下降,巷道壁面起到了调温的作用。由图 4-10 表明,风温的实测结果与计算数据吻合较好。

同时对矿井四季均进行预测后表明,矿井自然风压全年均做正功,但夏季相对较小,其风量仍表现减小。通过计算地面集中制冷后,矿井负压为 2 765 Pa,自然风压为 442 Pa,自然风压比制冷前增加了 144 Pa。

4.4　本章小结

应用理论分析、软件开发与现场观测相结合的方法,研究了矿井风流温度预测模型,编制了相应软件并在赵楼煤矿进行应用,得到以下主要结论:

(1)通过分析多种热源作用下的风温预测模型,得出风温与风量预测之间的相互耦合关系,单一巷道风温预测和通风网络相结合是预测矿井风温的有效手段。

(2)开发了基于 AutoCAD 的全风网风温、风量预测软件,在 AutoCAD 系统中植入了可用于专门可视化风网的"巷道""节点"等实体,可以承载通风网络解算与风温预测的参数。

(3)通过对赵楼煤矿通风系统计算结果和实测值的对比,证明全风网风温、风量预测软件可以较为准确地模拟矿井不同时期风流温度和自然风压。

5 矿井季节性高温热害降温方法

矿井季节性热害治理应根据矿井热害严重程度的不同,选择不同的矿井降温方法来对井下各工作地点实现降温,最终目的是对经过工作地点的风流进行降温。因此,直接对井口空气进行冷却效率最高,而水冷或冰蓄冷均需进一步与空气热交换才能使工作地点的风流得到冷却,效率较低一些。由于各个矿井采掘状况的不同以及各降温方式创造的社会经济效益的不同,需要选择适合于矿井季节性高温热害的制冷降温方法来保障矿井热环境的舒适。本章结合矿井季节性高温热害的特征,在矿井风温预测基础上,确定了适用于矿井季节性热害的降温方式和系统,利用井口全风量通风降温方法对矿井季节性热害进行治理。

5.1 制冷降温方式对比分析

按照向井下采掘工作面输送冷媒种类的不同,制冷系统分为风冷系统、水冷系统和冰冷系统。

按照制冷机组布置位置的不同,制冷系统可分为地面集中式、井下集中式、井下移动式及混合式。

5.1.1 地面集中式制冷降温方式

该方式是利用制冷机组制出的冷水,通过管道输送到用冷地点,然后通过换热设备将冷量传给风流,从而达到制冷降温的目的。目前国内外常见的是冷冻水供冷、空冷器冷却风流的地面集中式矿井制冷降温系统。这种降温系统包括集中冷却矿井总进风和用风地点上采用空冷器两种形式。

(1)地面集中冷却矿井总进风

这种制冷降温系统采用地面冷却空气直接送入井筒的方法对井下工作地点进行降温,如图 5-1 所示。这种形式是在地面就对空气进行冷却,不需要将冷冻水送到井下后再降压并送到工作地点,井下没有任何制冷设备,系统非常简单,也便于维修。但这种方式对井下所有进风地点降温,漏风量大时能源损耗也随之增加。这种形式降低了矿井进风系统的温度,受围岩热量及井下通风线路的影响,在用风地点上降温效果会不明显,而且经济性较差。

该系统实际效率较低,运行成本较高,适用于建井期间井下掘进工作面和矿井季节性热害较为严重的矿井,降低进风流温度,使夏季温度降至春秋季温度。

(2)空冷器冷却用风地点风流

该系统将制冷站设置在地面,冷凝热也在地面排放。在井下设置高低压转换器将一次高压冷冻水转换成二次低压冷冻水,最后在用风地点用空冷器冷却风流,如图 5-2 所示。这种井下冷却风流系统,载冷剂输送管道中的静压很大,所以必须在井下增设一个中间换热装置(高低压换热器)。其中,高压侧的载冷剂循环管道承压大,易被腐蚀损坏,并且冷损量较大。

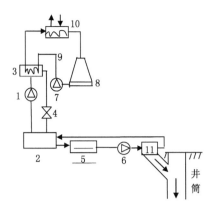

1—压缩机;2—蒸发器;3—冷凝器;4—节流阀;5—水箱;
6,7—水泵;8—冷却塔;9—冷却水;10—热交换器;11—空冷器。

图 5-1　地面冷却总进风

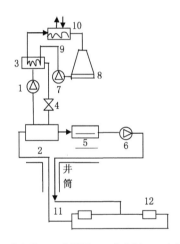

1—压缩机;2—蒸发器;3—冷凝器;4—节流阀;5—水箱;6,7—水泵;
8—冷却塔;9—冷却水;10—热交换器;11—冷水管;12—空冷器。

图 5-2　地面制冷、井下降温

5.1.2　井下集中式制冷降温方式

井下集中式的主要设备均设置于井下。制冷机组制出的冷冻水(1～3 ℃)通过冷冻水循环水泵经保温隔热管道送至采煤工作面或掘进工作面的空气冷却器,将通过空气冷却器的空气降温,冷却后的空气与未通过空气冷却器温度较高的空气在巷道混合后,使得通过采煤或掘进工作面的空气温度达到《煤矿安全规程》要求的工作温度。

井下集中式空调系统按冷凝热排除系统的敷设方式不同进行分类,又可分成四种不同的布置形式:回风流排热、地面冷却塔排热、地下水源排热、几种排热方式的混合排热,如图 5-3～图 5-5 所示。

井下集中降温系统工艺的优点是能够长期服务于矿井的降温工作,满足 1～2 个采区多个采掘工作面的降温需求。这种方式适用于局部地点温度高的矿井,随着开采深度的增加,

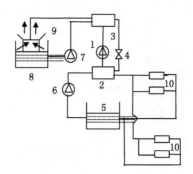

1—压缩机;2—蒸发器;3—冷凝器;4—节流阀;5—水箱;6—水泵;
7—冷却水泵;8—水冷器;9—冷水管;10—空冷器。

图 5-3　制冷站在井下、井下排除冷凝热

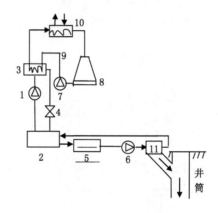

1—压缩机;2—蒸发器;3—冷凝器;4—节流阀;5、11—冷水泵;
6—主水平冷水管;7—冷水池;8—主水平空冷器;9—下水平冷水管;
10—下水平空冷器;12—冷水管;13—高低压换热器;14—冷却水管;
15—冷却水泵;16—冷却塔;17—换热器。

图 5-4　制冷站在井下、地面排除冷凝热

井下集中空调系统的冷凝热排放则成为突出的问题。这种布置形式只适用于需冷量不太大的矿井及局部热害矿井,其主要设备有井下集中式制冷机和空冷器。

(1) 井下集中式制冷机

以 KM3000 型制冷机为例,作为制备冷冻水的设备,制冷功率在 3 000 kW 以上。由一台螺杆式压缩机、油分离器(油收集器)、冷凝器、前蒸发器和主蒸发器组成。使用的制冷剂为 R22(CHCLF),压缩机将压缩出来的制冷剂蒸汽送入冷凝器,在冷凝器内经冷却水冷却,制冷剂蒸气冷凝成高压液态制冷剂进入蒸发器,液态制冷剂在蒸发器中蒸发成气体,而后被吸入制冷压缩机,连续不断地完成制冷循环。

通过现场观测得到制冷机的实际运行情况,选取井下热害严重的 8 月份,每隔 2 d 对制冷机运行情况进行测定,制冷机实际运行情况如表 5-1 所列。

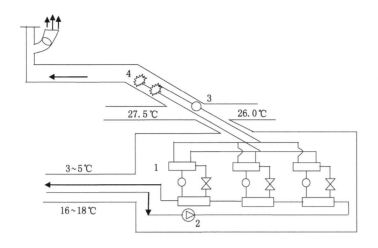

1—制冷站;2—冷水泵;3—冷却水泵;4—喷雾。

图 5-5　制冷站设在井下,利用回风流排热

表 5-1　KM3000 制冷机实际运行参数

日期	8月 10日	8月 12日	8月 14日	8月 16日	8月 18日	8月 20日	8月 22日	8月 24日	8月 26日	8月 28日
冷却水流量/(m³/h)	455.4	452.3	454.7	451.5	452.6	456.8	454.6	452.2	451.3	456.2
冷却水入口温度/℃	30.5	30.4	30.6	30.5	30.8	30.7	30.2	30.6	30.3	30.8
冷却水出口温度/℃	36.3	36.2	36.1	36.2	36.3	36.1	36.5	36.4	36.2	36.6
冷凝器功率/kW	3 054	2 954	3 021	2 986	3 046	2 981	2 996	3 058	3 054	3 021
冷冻水流量/(m³/h)	141.1	141.1	141.6	141.2	142.1	141.2	141.5	141.8	141.6	141.3
冷冻水入口温度/℃	23.3	23.3	23.3	23.2	23.5	23.6	23.1	23.3	23.8	23.2
冷冻水出口温度/℃	4.3	3.5	3.7	3.4	3.8	3.6	4.3	3.4	3.4	3.4
蒸发器功率/kW	3 362	3 265	3 269	3 362	3 263	3 272	3 282	3 322	3 396	3 356
压缩机功率/kW	720	700	710	710	705	705	710	720	720	720

制冷机制冷系数 COP 是衡量制冷机性能高低的参数,根据工业制冷机性能系数要求,螺杆式制冷机的制冷量小于 528 kW 时,其 COP 不应小于 3.8;当制冷量在 528~1 163 kW 时,其 COP 不应小于 4.3;当制冷量大于 1 163 kW 时,其 COP 不应小于 4.6。为确定井下制冷机的实际制冷系数,根据式(5-1)对其进行计算。

$$COP = \frac{Q}{W} \tag{5-1}$$

式中　Q——制冷机制冷量,即蒸发器的功率,kW;

　　　W——压缩机的耗电量,kW。

根据式(5-1)与表 5-1 中蒸发器与冷凝器的水温计算得到制冷机的制冷系数,如表 5-2 所列。

表 5-2　不同时间段制冷机制冷系数

日期	8月10日	8月12日	8月14日	8月16日	8月18日	8月20日	8月22日	8月24日	8月26日	8月28日
制冷系数	4.67	4.66	4.6	4.7	4.63	4.64	4.62	4.61	4.72	4.66

由表 5-2 可以看出,在测试时间段内,制冷机组的制冷量均大于 1 163 kW,最低制冷系数为 4.61,达到工业设计上不小于 4.6 的要求,表明制冷机内部设备运转正常且制冷效率较高。

(2)空冷器

空冷器主要功能是产生冷空气,井下热空气被风机吸入空冷器,冷冻水通过进水口进入空冷器,然后分流到弯曲铜管内,吸收热空气中的热量,从而使热空气得到冷却并通过风筒输送到需要降温的地点,升温后的冷冻水通过出水口流出。

以 7302 工作面为例,工作面的空冷器布置如图 5-6 所示。轨道平巷中布置 6 套空冷降温设备,每套空冷降温设备包括 1 台风机(FBCD№7.1/2×37)和 1 台 RWK450 型空冷器,其中第 1、2 套距工作面 200 m 范围内,第 3、4 套距工作面 500 m 范围内,第 5、6 套距工作面 1 000 m 范围内,随工作面推进及时向外挪移。工作面运输平巷布置 3 套空冷降温设备,每套空冷降温设备包括 1 台风机(FBCD№6.3/2×18.5)和 1 台 RWK250 型空冷器,其中第 1 套安装在转载机向外;第 2 套、第 3 套安装在运输平巷内。工作面内安设四套制冷设备,在工作面 10#、20#、30#、40# 架前各安设 1 套 FBCD№5.0 风机(风力扩散器)和 RWK100 空冷器。

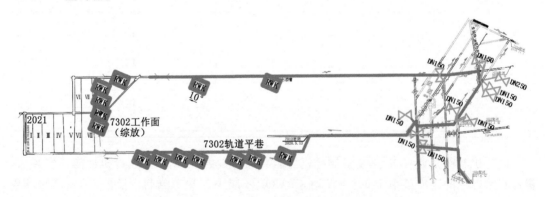

图 5-6　7302 工作面冷水管网和空冷器布置

对空冷器的实际运行参数进行观测,分析空冷器的运行状态和实际制冷量。空冷器的运行状态观测包括风流系统观测与冷水系统观测。观测仪器包括风表、干/湿球温度计、红外测温仪等。风流系统观测参数包括进风量、进风干/湿球温度、进风焓值、出风干湿球温度、出风焓值;冷水系统测试参数包括进水温度、回水温度、进水压力及流量,各参数测试 6 次取平均值,以避免单次测试带来的误差,测试结果如表 5-3 和表 5-4 所列。

表 5-3 空冷器风流系统观测参数

编号	空冷器位置	进风风量 /(m³/min)	进风干、湿球温度/℃	进风焓值 /(kJ/kg)	出风干、湿球温度/℃	出风焓值 /(kJ/kg)
A1	轨道平巷	454	28.9,27.8	88.73	24.1,23.8	71.39
A2	轨道平巷	446	28.4,27.5	87.33	24.2,23.7	70.99
A3	轨道平巷	462	27.9,26.8	84.10	24.8,24.5	74.22
A4	轨道平巷	450	28.1,27.6	87.82	25.1,24.3	73.38
A5	轨道平巷	453	28.2,27.5	87.34	24.1,23.8	71.39
A6	轨道平巷	449	27.5,26.9	84.58	24.3,24.2	73.01
A7	轨道平巷	458	27.4,26.3	81.86	25.0,24.2	72.98
A8	工作面内	165	31.8,31.5	102.30	29.5,28.9	94.09
A9	工作面内	160	32.3,31.5	107.79	29.6,29.2	100.70
A10	工作面内	159	32.8,31.6	108.30	29.1,28.9	100.70
A11	工作面内	165	33.5,32.5	113.50	29.2,29.0	104.00
A12	运输平巷	435	33.2,32.5	113.52	28.8,27.2	85.90
A13	运输平巷	443	33.6,33.2	117.70	27.4,26.2	81.41
A14	运输平巷	425	33.6,33.1	117.00	28.6,28.3	91.17

表 5-4 空冷器冷水系统观测参数

编号	空冷器位置	进水温度/℃	回水温度/℃	进水流量/(m³/h)	进水压力/MPa
A1	轨道平巷	21.0	28.0	28.08	0.62
A2	轨道平巷	20.0	26.0	25.56	0.51
A3	轨道平巷	21.3	28.9	27.36	0.38
A4	轨道平巷	19.6	27.1	21.96	0.20
A5	轨道平巷	20.3	26.5	23.04	0.30
A6	轨道平巷	21.0	28.0	20.88	0.40
A7	轨道平巷	22.0	29.0	17.64	0.50
A8	工作面内40#架前	24.1	28.5	7.56	0.10
A9	工作面内30#架前	25.2	29.3	6.84	0.13
A10	工作面内20#架前	23.1	28.2	6.48	0.19
A11	工作面内10#架前	24.6	29.1	5.40	0.25
A12	运输平巷	21.2	28.8	21.24	0.61
A13	运输平巷	21.5	29.2	21.96	0.20
A14	运输平巷	21.6	28.8	19.80	0.01

① 实际制冷量计算

空冷器在运行时,热空气与换热管内的冷冻水进行热交换,冷冻水吸收热量,水温升高,热空气被冷却释放热量,温度降低。因此采用 2 种方法计算实际制冷量,第一种为计算冷冻

水吸收的热量,即水冷量,可由下式计算得到:

$$Q_0 = \frac{\rho_0 l_0 c_w (T_2 - T_1)}{3\ 600} \tag{5-2}$$

式中　Q_0——水冷量,kW;

　　　ρ_0——冷冻水密度,$\rho = 10^3\ kg/m^3$;

　　　l_0——冷冻水进水流量,m^3/h;

　　　c_w——水的比热容,$c_w = 4.187\ kJ/(kg \cdot ℃)$;

　　　T_2——冷冻水回水水温,℃;

　　　T_1——冷冻水进水水温,℃。

第二种为计算热空气被冷却释放的热量,可由下式计算得到:

$$Q_1 = \frac{\rho_1 l_1 (i_1 - i_2)}{60} \tag{5-3}$$

式中　Q_0——风冷量,kW;

　　　ρ_1——风流密度,$\rho = 1.2\ kg/m^3$;

　　　l_1——空冷器进风量,m^3/min;

　　　i_1——进风口焓值,kJ/kg;

　　　i_2——出风口焓值,kJ/kg。

经式(5-2)与式(5-3)计算,各空冷器的实际制冷量如表5-5所列。

表5-5　各空冷器实际制冷量

编号	空冷器位置	理论制冷量/kW	实际水冷量/kW	实际风冷量/kW
A1	轨道平巷	450.0	222.90	157.0
A2	轨道平巷	450.0	173.91	146.0
A3	轨道平巷	450.0	235.80	91.2
A4	轨道平巷	450.0	186.80	130.0
A5	轨道平巷	450.0	162.00	145.0
A6	轨道平巷	450.0	165.70	104.0
A7	轨道平巷	450.0	140.80	81.0
A8	工作面内	95.6	37.72	27.0
A9	工作面内	95.6	30.25	23.0
A10	工作面内	95.6	38.21	24.2
A11	工作面内	95.6	27.50	31.4
A12	运输平巷	450.0	183.00	240.3
A13	运输平巷	450.0	191.80	321.5
A14	运输平巷	450.0	161.70	219.6

② 实际制冷量分析

由表5-5可以看出,平巷与工作面内的空冷器不论是实际水冷量还是实际风冷量,其计算值远小于其理论制冷量。

对于风冷量偏低的问题，其原因是空冷器内部翅片换热管间隙较小，易积聚粉尘，翅片管的换热系数降低，当风机持续供风时，换热程度降低。

空冷器水冷量偏低，一方面是因为空冷器在使用时供水压力低于其设计要求，水压越小，导致进水流量越小。另一方面是因为工作面空冷器采用串联方式运行，当平巷供水管路上某一阀门开度改变会使系统总流量发生变化，进而导致各空冷器所在管路实际供水流量大小不一且偏离设计流量，实际制冷效果变差。

经过分析，要提高空冷器实际水冷量。通过对井下管网的优化改造，增加空冷器供水压力。在空冷器所在管路上安设平衡阀，解决水力失调现象，使空冷器进水流量不受系统流量变化的影响。

5.1.3　井上、下联合的制冷系统

这种布置形式是在地面、井下同时设置制冷站，冷凝热在地面集中排放，如图 5-7 所示。它实际上相当于两级制冷，井下制冷机的冷凝热是借助于地面制冷机冷水系统冷却。因井下最大限度的制冷容量受制于相应的空气和水流的回流排热能力，所以通常需要在地表安装附加的制冷机组，这就使得混合系统成为深井冷却降温的必要。该系统中设备布置分散，冷媒循环管路复杂，操作管理不便。但是它可提高一次载冷剂回水温度，减少冷损；可利用一次载冷剂将井下制冷机的冷凝热带到地面排放，这样就决定了此系统能承担大负荷，这是井下集中式和地面集中式所不具备的优点。

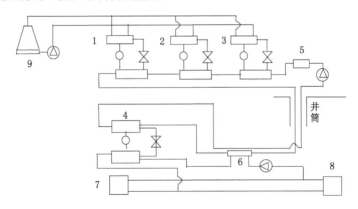

1～4—制冷机；5—空气预冷器；6—高低压换热器；7，8—空冷器；9—冷却塔。

图 5-7　井上、井下联合制冷系统

另外，也可采用地面集中冷却矿井总进风和井下集中式制冷相结合的方式，即利用地面风冷设备冷却井口房的进风流，利用水将井下作业地点的热量转移到地面，适合于热害严重的矿井。

5.1.4　井下分散式局部制冷系统

当矿井降温系统只有几个地点需要制冷降温，并且点与点相隔较远时，在矿井中不设置统一的大型制冷站，只在需要降温的地点，如掘进工作面、大型机电硐室等附近建立小型的制冷站，对局部地区进行降温，这时井下分散式局部制冷降温系统是一种高效、经济的措施。

综上所述，四种制冷降温系统的优缺点比较如表 5-6 所列。

表 5-6　四种制冷降温系统优缺点的比较

系统类型	优点	缺点	适用范围
地面	① 可采用一般型制冷设备,安全可靠; ② 冷凝热排放方便; ③ 排热方便; ④ 无需在井下开凿大断面机电硐室; ⑤ 冬季可利用地面天然冷源	① 高压冷水处理困难; ② 供冷管道长,冷损大; ③ 需在井筒中安设大直径管道; ④ 一次载冷剂需用盐水,对管道有腐蚀作用; ⑤ 制冷系统复杂	适用于季节性热害严重的矿井
井下	① 供冷管道短,冷损小; ② 无高压冷水系统; ③ 可利用矿井水或回风流排热; ④ 供冷系统简单,冷量调节方便	① 井下要开凿大断面机电硐室; ② 对制冷设备有特殊要求; ③ 基建、安装、维护和操作不方便; ④ 安全性差	适合于区域热害严重的矿井
联合	① 可提高一次载冷剂的回水温度,减少冷损; ② 利用一次载冷剂排除井下制冷机的冷凝热; ③ 减少一次载冷剂的循环量	① 系统复杂; ② 制冷设备分散,不易管理	适合于热害严重的矿井
局部	① 冷量损失小; ② 无需在井下开凿大断面机电硐室; ③ 简单、灵活	① 制冷设备分散,不易管理; ② 冷凝热排放困难; ③ 安全性差	适合于局部分散热害的矿井

目前实际中有几种典型的降温模式:

(1)采用井下集中式水冷系统,在工作面进行降温,如龙固矿,采用 9 台冷水机组,每台 3.3 kW。冬季开 3 台,春秋季开 6 台,夏季开 9 台。一年四季工作面温度基本得到解决,但主要进风巷道、机电硐室等在夏季仍有热害。

(2)采用地面集中式风冷系统,如南非金矿,使用 NH_3 制冷剂的制冷机组制冷水,经过喷淋室制成冷风,然后用风机送入井下,这样将风流的热、湿均留在了地面。

(3)在地面用空调制冷风然后送入井下,解决季节高温,如澳大利亚矿井。

以上几种方式各有特点,如果采用井下集中式冷水降温系统解决夏季高温。井下需要增加制冷机机组,并且无法解决大巷、零星作业地点、硐室的高温环境。如果采用澳大利亚的地面集中风冷降温系统解决季节高温,需要设置喷淋气室、专用风机及专用进风井。以上两种方式解决季节高温热害成本高,难度大,为克服以上困难,结合矿井实际情况,研发出适用于矿井全风量制冷降温系统新工艺、新方法。实现井下采掘地点热害由井下集中水冷解决,季节热害由井口集中风冷系统解决,将风流的热、湿留在地面井口,利用矿井通风负压,在井口将冷却空气送入井下。

5.2　地面全风量制冷降温系统

地面制冷降温系统中制冷机组按能量补偿不同分为电力补偿(压缩式)和热能补偿(吸收式)两种方式。压缩式制冷机组又分为活塞式、螺杆式、离心式。吸收式制冷机组按热源不同分为热水型、蒸汽型、直燃型。

根据矿井的实际情况,可选择离心式制冷机组与溴化锂吸收式制冷机组作为两种冷热源。

5.2.1 热电冷联产地面集中式降温系统

如果煤矿坑口有综合利用电厂,电厂安装凝汽式汽轮发电机组,那么由循环流化床锅炉生产蒸汽通过汽轮机做功来带动发电机发电,部分汽轮机的辅助蒸汽可经热网系统供矿井生产、生活和冬季取暖用汽。由于电厂热负荷主要集中在冬季使用,而夏季有大量富裕的热能没有被有效利用。因此,可以充分利用电厂辅助蒸汽作为制冷系统的动力,该系统一方面具有投资小、运行成本低的特点,另一方面可以大大提高电厂能量利用效率,提高电厂的经济效益。

该系统利用电厂辅助蒸汽,采用溴化锂吸收式制冷机组制备冷冻水,通过管道将低温冷冻水输送到设置在井口的空气冷却系统,对全矿井进行制冷降温除湿后送入井下,实现对井下空气进行调节,如图 5-8 所示。热电联产系统中配置溴化锂吸收式制冷机,利用供热式汽轮机的抽汽或排汽制冷,使热电站在生产、供应电能和热能的同时,也生产、供应 7~12 ℃的冷水,用于空调及工艺冷却。

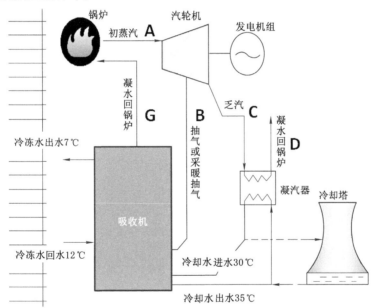

图 5-8 热电冷联产地面集中式降温系统工作原理图

溴化锂吸收式制冷机是以溴化锂溶液为吸收剂,以水为制冷剂,利用水在高真空下蒸发吸热达到制冷的目的。为使制冷过程能连续不断地进行下去,蒸发后的制冷剂水蒸气被溴化锂溶液所吸收,溶液变稀,这一过程是在吸收器中发生的,然后以热能为动力,将溶液加热使其水分分离出来,而溶液变浓,这一过程是在发生器中进行的。发生器中得到的蒸汽在冷凝器中凝结成水,经节流后再送至蒸发器中蒸发。如此循环达到连续制冷的目的。根据能源的梯级利用原理,使燃料通过热电联产装置发电后,变为低品位的热能用于采暖、生活供热等用途的供热,这一热量也可驱动吸收式制冷机用于夏季的空调,从而形成热电冷三联供系统。

5.2.2 离心式水源热泵机组地面集中降温系统

在地面设置集中式能源站,由热泵机组制备低温冷冻水,通过管道将低温冷媒水输送到设置的井口空气换热站,将进入矿井的空气实现降温除湿后再送入井下工作面,最终达到降温目的。目前,许多煤矿使用锅炉为冬季供暖和生产、生活用水提供热源。如果能够充分利用矿井水的余热,就可以取代锅炉,从而既减少对环境的污染,又实现节能。水源热泵技术是利用地球表面浅层水源中吸收的太阳能和地热能而形成的低温低位热能资源,采用热泵原理,通过少量的高位电能输入,实现低位热能向高位热能的转移。水源热泵是目前空调系统中能效比(COP 值)最高的制冷、制热方式,理论计算可达到 7,实际运行为 4~6。

可将矿井涌水与水源热泵相结合,将矿井水经过水处理后作为水源热泵的冷热源,冬季时从矿井水吸热,夏季向矿井水排热,为煤矿以及周边建筑供暖和制冷,实现矿井水的综合利用及节能环保。矿井水源热泵系统包括冷热源系统、热泵机组及末端系统,水温和水质是其主要影响因素。

如图 5-9 所示,矿井水由地面矿井水回用中心引至水池。冷却塔与热泵机组冷凝器连接,洗浴用水板换一次侧与洗浴水池连接,二次侧与热泵机组冷凝器连接。热泵机组蒸发器与空调末端连接(包括主、副井换热器,矿井水板换)。冷凝器与冷却塔、洗浴板换二次侧连接。矿井水板换一次侧与矿井水池连接,二次侧与热泵机组蒸发器连接。高温高压的制冷剂气体从压缩机出来进入冷凝器,制冷剂向冷却水(冷却塔、洗浴用水)中放出热量,形成高温高压液体,并使冷却水的温度升高。制冷剂过膨胀阀膨胀成低温低压液体,进入蒸发器吸收冷冻水(主副井换热器、矿井水)中的热量,蒸发成低压蒸汽,并使冷冻水的温度降低。低压制冷剂又进入压缩机压缩成高温高压气体,如此循环在蒸发器中获得冷冻水。

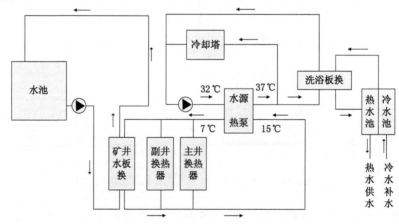

图 5-9　夏季矿井水余热利用系统图

相对于一般的供热方式,水源热泵系统有以下优势:

(1)高效节能。特别是离心式水源热泵机组,能效比超过 5.5,大大高于其他的供热方式。

(2)利用可再生能源。水源热泵系统利用了矿井涌水的废热,属可再生能源利用技术。

(3)环保效益显著。水源热泵机组供热时省去了燃煤、燃气、燃油等锅炉房系统,无燃烧过程,避免了排烟、排污等污染;所以,水源热泵机组运行无任何污染,无燃烧、无排烟,不产生废渣、废水、废气和烟尘,不会产生城市热岛效应,对环境非常友好,是理想的绿色环保产品。

（4）运行稳定可靠,维护方便。水体的温度一年四季相对稳定,其波动的范围远远小于空气的变动,这一特性使得热泵机组运行更可靠、稳定,也保证了系统的高效性和经济性;采用全电脑控制,自动化程度高。由于系统简单、机组部件少,运行稳定,因此维护费用低,使用寿命长。

5.3 井口大风量无动力空气换热器

由于矿井总进风量大,有的高达 20 000 m³/min,需要专门研究适用于矿井大风量空气的热、湿处理设备。因此,首先应选择空气处理设备类型,并进行热工计算,确定夏季地面空气的初始状态和经处理后的送风状态,应用焓湿图确定空气处理的途径和技术。

5.3.1 换热器热工计算及校验

5.3.1.1 换热器类型选择

空气处理设备主要以喷水室和表面式换热器为主。喷水室能实现多种空气处理,对空气有一定的净化作用,在结构上便于现场的加工制作,其金属材料耗量少,在空调工程应用广泛。表面式换热器是冷热介质通过金属表面用于空气加热、冷却的设备,常用的表面式换热器有空气加热器和表面冷却器。与喷水室相比,表面式换热器具有结构紧凑、水系统简单、水与空气不直接接触、对水质无卫生要求、选择方便、安装简单等优点,但金属材料耗量多,只能对空气进行加热、等湿冷却和减湿冷却以及对空气的净化作用差。

喷水室和表面冷却器各有其优缺点,考虑冬夏两用,应用喷水室进行通风降温,冬季热水和空气直接接触并进行热交换时,会产生大量的雾气,会直接影响工人和物资的通行安全。另外,空气在喷水室中流动时产生的阻力较大,需要安设风机作为动力设备,一方面会产生较大的噪声,另一方面风机需要具有防爆功能,投资和运行费用大。因此,本书研究的空气处理设备是表面式空气换热器。

5.3.1.2 换热器的热工计算

表面式空气换热器属于典型的间壁式热质交换设备的一种,目前主要使用对数平均温差法和效能—传热单元数法进行换热器的热工计算。根据计算目的的不同,可分为设计性计算和校核性计算两种类型。采用换热器设计仿真软件,计算换热器相关参数,以满足已知初、终参数的空气处理要求。

假设已知被处理的空气量 G 为 100 000 m³/h(8.33 kg/s);当地大气压力为 101 325 Pa;空气的初参数为 $T_1 = 35\ ℃$，$i_1 = 90.16\ kJ/kg$，$T_{s1} = 28\ ℃$，$\varphi_1 = 59.5\%$。空气的终参数为 $T_2 = 20\ ℃$，$i_2 = 53.62\ kJ/kg$，$T_{s2} = 18.6\ ℃$，$\varphi_2 = 90.2\%$。换热器性能参数计算步骤如下：

（1）计算接触系数 ε_2，确定换热器排数

$$\varepsilon_2 = \frac{T_1 - T_2}{T_1 - T_3} = 1 - \frac{T_2 - T_{s2}}{T_1 - T_{s1}} = 1 - \frac{20 - 18.6}{35 - 28} = 0.8$$

在常用的空气流速范围内,设计 4 排表面换热器能满足 $\varepsilon_2 = 0.8$ 的要求。

（2）确定换热器参数

由于冷水初始温度已知,先计算出热交换效率

$$\varepsilon_1 = \frac{T_1 - T_2}{T_1 - T_{w1}} = \frac{35 - 20}{35 - 7} = 0.535\ 7$$

假定迎风流速 $v'_a = 2.2\ \text{m/s}$，根据所需换热器的迎风面积 $F'_a = G/(v'_a \rho)$，可得：$F'_a = 27.78/2.2 = 12.72\ \text{m}^2$。设计换热器的每排传热面积 $A_d = 234.4\ \text{m}^2$，通水截面积 $A_w = 0.033\ 73\ \text{m}^2$。

（3）求析湿系数

$$\xi = \frac{i_1 - i_2}{c_p(T_1 - T_2)} = \frac{90.16 - 53.62}{1.01(35 - 20)} = 2.412$$

（4）求传热系数

假定水流速 $v_m = 1.5\ \text{m/s}$，根据公式可计算出传热系数

$$k = \left[\frac{1}{Av_a^m \zeta^p} + \frac{1}{Bv_w^n}\right]^{-1} = \left[\frac{1}{39.7v_a^{0.52}\zeta^{1.03}} + \frac{1}{332.6v_w^{0.8}}\right]^{-1} = 113.82$$

（5）求冷水量

$$W = f_w v_w \rho_w = 0.033\ 73 \times 1.68 \times 1\ 000\ \text{kg/s} = 56.67\ \text{kg/s} = 204.4\ \text{m}^3/\text{h}$$

（6）求换热器能达到的热交换效率 ε_1

先求传热单元数及水当量比：

$$\beta = \frac{KF}{\xi G c_p} = \frac{76.05 \times 937.5}{2.42 \times 33.33 \times 1.01 \times 1\ 000} = 0.875$$

$$\gamma = \frac{\xi G c_p}{W_c} = \frac{2.42 \times 33.33 \times 1.01}{204 \times 1\ 000/3\ 600 \times 4.186\ 7} = 0.343\ 3$$

然后，计算 ε_1 值：

$$\varepsilon_1 = \frac{1 - e^{-\beta(1-\gamma)}}{1 - \gamma e^{-\beta(1-\gamma)}} = \frac{1 - e^{-0.875 \times (1-0.343\ 3)}}{1 - 0.343\ 3 e^{-0.875 \times (1-0.343\ 3)}} = 0.541\ 8$$

（7）求水温

由公式 $\varepsilon_1 = \dfrac{T_1 - T_2}{T_1 - T_{w1}} = \dfrac{35 - 20}{35 - 7} = 0.535\ 7$ 可得冷水初温：

$$T_{w1} = T_1 - \frac{T_1 - T_2}{\varepsilon_1} = 35 - \frac{35 - 20}{0.537\ 5} = 7.1\ (\text{℃})$$

冷水终温：

$$T_{w2} = T_{w1} + \frac{G(i_1 - i_2)}{W_c} = 7 + \frac{27.77 \times (90.16 - 53.62)}{56.67 \times 4.186\ 7} = 11.28\ (\text{℃})$$

（8）求空气阻力和水阻力

根据 4 排换热器的阻力计算公式可得：

① 空气阻力（减湿冷却）

$$\Delta H_s = 42.8v_a^{0.992} = 42.8 \times 2.18^{0.992} = 106.6\ (\text{Pa})$$

② 水阻力

$$\Delta h = 8.18v_w^{1.93} = 8.18 \times 1.68^{1.93} = 22.26\ (\text{kPa})$$

5.3.1.3　换热器热工性能试验

换热器热工性能试验由国家压缩机制冷设备质量检验检测中心进行制冷量和制热量的检验。检验换热器的外观如图 5-10 所示。

（1）供冷量实测工况：干球温度 27.10 ℃，湿球温度 19.47 ℃，迎风面风速 2.51 m/s，进

水温度 6.91 ℃,出水温度 11.96 ℃。

(2) 供热量实测工况:干球温度 14.92 ℃,迎风面风速 2.52 m/s,进水温度 59.92 ℃,出水温度 50.1 ℃。

依据 GB/T 14296—2008 标准中 6.5.6 条规定和要求,换热器设计制冷量为 21.93 kW,试验测试的制冷量为 20.83 kW,误差为 5%,说明应用换热器设计仿真软件所得设计参数能够满足实际使用要求。

图 5-10　换热器外观图

5.3.2　井口大风量无动力换热系统设计

5.3.2.1　无动力换热器系统构成

井口大风量降温用的无动力空气冷却器,有 6 个换热单元组成,每个换热单元主要包括管束、翅片、作为外壳的构架、可调节百叶窗;空气冷却器安装在井口构筑物的外墙上与构筑物形成一体化,地面集中式制冷站制备的冷冻水由水泵驱动进入空冷器内管束的进口管箱,在进入各管束沿途与管外空气进行热交换,然后通过出口管箱流出;室外空气从空气冷却器外侧进入,与换热组件进行热交换,冷却后的空气与一部分室外空气混合后进入进风副井。设有可调节的百叶窗可调节各换热器组件的进风量、流速和流速分布。图 5-11 是空气冷却器结构立面图和 A—A 剖面图。

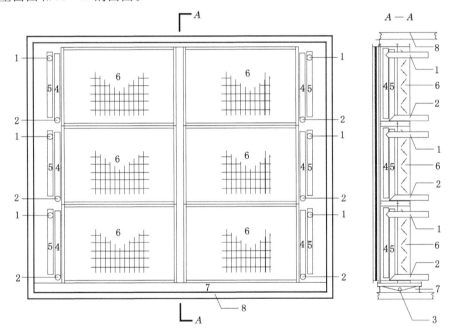

1—冷冻水进水管;2—冷冻水出水管;3—冷凝水排水管;4—换热器分水箱;
5—换热器集水箱;6—换热盘管;7—冷凝水集水盘;8—外框架。
图 5-11　井口大风量无动力换热器

此空气冷却器动力源利用矿井主要通风机在井口形成的负压,不用电力驱动,满足矿井井口防爆要求。该换热器具有设计合理、空气阻力小、运行成本低、降温效果好等特点,降温系统充分利用矿井通风系统能量,提高系统能效比,有效降低综合能耗,节能效果明显。

5.3.2.2 换热器设计参数

根据进风空气参数和要求的出风状态,应用换热器设计仿真软件进行计算,设计每组换热器风量 10^5 m³/h,设计制冷量为 740 kW,共计 20 台,串联布置,总制冷量为 14 800 kW,能满足空气热湿处理的要求。每台表面换热器结构参数如表 5-7 所列,进风参数和出风参数如表 5-8 所列,热工性能参数如表 5-9 所列。

表 5-7 换热器结构参数

换热器各结构	参数	换热器各结构	参数
盘管排数	4	铜管壁厚/mm	0.35
铝箔片距/mm	3.2	盘管孔距/mm	38.1
盘管孔数	30	盘管排距/mm	33
铜管外径/mm	12.7	铝箔厚度/mm	0.12
有效管长/mm	1 800	流程数	186

表 5-8 换热器进风参数和出风参数

进风参数		出风参数	
进风干球温度/℃	35	出风干球温度/℃	19.9
进风湿球温度/℃	28	出风湿球温度/℃	18.6
进风焓值/(kJ/kg)	90.16	出风焓值/(kJ/kg)	53.62
进风相对湿度/%	59.49	出风相对湿度/%	90.22
进风含湿量/(g/kg)	21.36	出风含湿量/(g/kg)	13.21

表 5-9 换热器热工性能参数

冷水侧		空气侧	
进水温度/℃	7	表冷面积/m²	937.5
出水温度/℃	12	迎风面积/m²	12.72
管内水流速/(m/s)	1.68	迎风面风速/(m/s)	2.18
冷冻水流量/(m³/h)	204.37	风量/(m³/h)	100 000
管内水阻力/kPa	19.7	空气阻力/Pa	108.2

设计每台表冷器的尺寸为 4 800 mm×4 000 mm×620 mm,由 6 个换热器组成,每个换热器的尺寸为 1 800 mm×1 178 mm×600 mm。

5.3.3 空气换热器热工性能的影响分析

空气换热器进风空气参数的变化会对换热器的热交换能力产生一定的影响,因此,应用表面式换热器热工性能分析软件模拟进风空气流速、进风空气状态参数变化时,对换热量、出风空气状态参数、传热系数、析湿系数等因素的影响。

5.3.3.1 空气换热器表面流速的变化影响

通过减小进入空气换热器空气流量,改变其表面流速(0.80~2.49 m/s),在保持进风空气参数(温度为 34.9 ℃,相对湿度为 60%)不变情况下,模拟分析了表面流速的变化对空气换热器出风干湿球温度、总传热系数和空气侧压降的影响,模拟分析结果见表 5-10、图 5-12~图 5-15。

表 5-10　空气换热器表面流速的变化对出风参数的影响

风量 /(m³/h)	表面风速 /(m/s)	制冷量 /kW	出风干球 温度/℃	出风湿球 温度/℃	出风焓 /(kJ/kg)	总传热系数 /[W/(m²·K)]	空气侧压降 /Pa
100 000	2.49	1 478.00	16.04	15.35	42.97	83.03	135.6
88 500	2.21	1 351.54	15.43	14.79	41.43	78.19	114.6
80 200	2.00	1 255.60	14.94	14.35	40.22	74.45	100.0
68 200	1.70	1 109.14	14.16	13.64	38.32	68.62	80.1
56 000	1.40	949.42	13.25	12.81	36.15	62.02	61.1
44 000	1.10	779.72	12.21	11.86	33.74	54.66	44.0
32 000	0.80	594.92	10.99	10.73	31.00	46.03	28.5

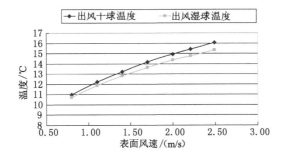

图 5-12　出风空气温度随表面流速的变化曲线

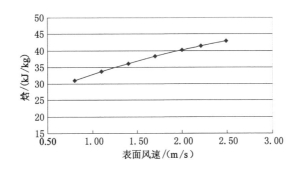

图 5-13　出风空气焓值随表面流速的变化曲线

从图中可以看出,表面流速减小时,其空气换热器出风干湿球温度、总传热系数和空气侧压降都呈下降趋势,其通风降温后空气状态参数能够满足要求。

5.3.3.2　进风空气状态参数的变化影响

通过降低进入空气换热器空气温度,保持进风空气流量为 100 000 m³/h 不变情况下,模拟分析了进风空气温度对其出风干湿球、总传热系数和空气侧压降等参数的影响,模拟分析结果见表 5-11、图 5-16~图 5-19。

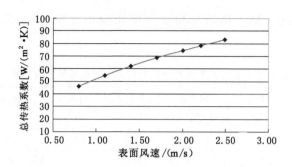

图 5-14　换热器总传热系数随表面流速的变化

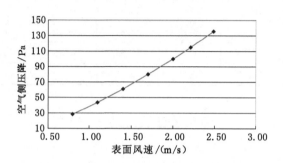

图 5-15　换热器空气侧压降随表面流速的变化

表 5-11　空气换热器进风温度的变化对出风参数的影响

进风干球温度/℃	进风焓/(kJ/kg)	出风干球温度/℃	出风湿球温度/℃	出风焓/(kJ/kg)	总传热系数/[W/(m²·K)]	空气侧压降/Pa
26	55.48	13.25	12.59	35.57	57.10	129.5
27	58.31	13.49	12.82	36.16	59.85	130.2
28	61.24	13.75	13.06	36.78	62.46	130.7
29	64.27	14.01	13.30	37.41	64.97	131.3
30	67.45	14.27	13.56	38.08	67.44	131.8
31	70.74	14.55	13.82	38.77	69.84	132.2
32	74.12	14.82	14.08	39.47	72.13	132.6
33	77.66	15.11	14.35	40.20	74.42	133.1
34	81.37	15.40	14.63	40.98	76.73	133.5
35	89.39	16.04	15.35	42.97	83.03	135.6

　　从图中可以看出,空气换热器进风空气温度降低时,其出风干湿球温度、总传热系数和空气侧压降都呈下降趋势,其通风降温后空气状态参数能够满足要求。

5.3.4　漏风情况下副井通风状态参数分析

5.3.4.1　井口漏风的影响

　　空气换热器处理空气时,由于井口构筑物是主要运输通道,担负着人员、材料运输的任务,构筑物两侧的风门有一定的风量进入,另外井架处有提升设备的缆绳,井架全部封闭有

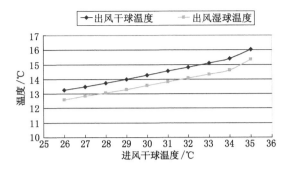

图 5-16　出风空气温度随进风温度的变化

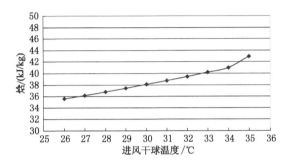

图 5-17　出风空气焓值随进风空气温度的变化

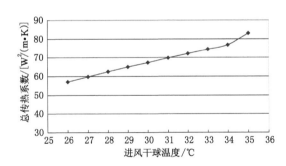

图 5-18　总传热系数随进风空气温度的变化

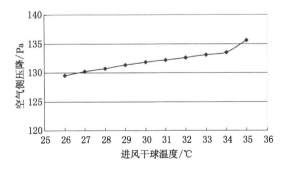

图 5-19　空气侧压降随进风气温的变化

一定的困难,也存在一定的风量进入。因此,在井口构筑物存在漏风的情况下,经过空气换热器处理后的空气和通过风门和井架的漏风相混合后空气的状态参数能否满足矿井进风状态参数的要求,需要经过理论分析。

构筑物侧面空气换热器的送风口全部开启,冷风总风量为 1 000 000 m³/h,进入空气换热器的送风口风量为 800 000 m³/h,速度为 2.21 m/s,送风温度为 18.3 ℃,相对湿度为 90%,进风焓值 48.42 kJ/kg(状态 1),通过两侧门洞和井架进入的风量取总风量的 20%,即 200 000 m³/h,温度为 34.9 ℃,相对湿度为 60%,焓值 89.773 kJ/kg(状态 2)。经过空气换热器处理后的空气(状态 1)与通过两侧门洞和井架进入的状态 2 空气混合后的空气参数可通过焓湿图计算得出。

(1)绘制空气状态 1、状态 2 及混合后空气状态的焓湿图;

(2)代入相关数据,求出状态 1 与状态 2 混合后的空气焓 h_3:

$$\frac{G_1}{G_2} = \frac{h_2 - h_3}{h_3 - h_1} \tag{5-4}$$

可得出混合后的空气焓 $h_3 = 56.6$ kJ/kg。

(3)从焓湿图上可得到该点的空气状态参数为:$T_3 = 21$ ℃,$\varphi_3 = 85\%$,$h_3 = 56.6$ kJ/kg。

以上分析可知,混合后空气的干球温度有所上升,相对湿度下降,与要求的矿井进风参数接近,因此在井口构筑物存在漏风的情况下,经过空气换热器处理后的空气和通过风门和井架的漏风相混合后空气的状态参数可以满足矿井进风状态的要求。

5.3.4.2 数学模型

为了模拟漏风情况下的换热参数,需要建立矿井构筑物和井筒三维数值模型,并用对模型进行网格划分,选择适当的数值计算模型和边界条件进行数值计算,对冬季与夏季工况进行模拟,并对模拟结果进行综合分析比较。在井口构筑物存在漏风的情况下,经过空气换热器处理后的空气和通过风门和井架的漏风相混合后空气的状态参数分析涉及到流体动力学方程。包括连续性方程、动量守恒方程、能量守恒定律等。

(1)连续性方程

空气在单位时间内微元体质量的增加量与同一时刻流入该微元体的质量相等。因此质量守恒方程为:

$$\frac{\partial \rho}{\partial T} + \nabla \cdot (\rho U) = 0 \tag{5-5}$$

根据假设,构筑物内流体为不可压缩流体,密度为常数,所以可以简化为

$$\nabla \cdot (\rho U) = 0 \tag{5-6}$$

式中 ρ——空气密度,kg/m³;

U——流体各个方向上的速度分量,m/s;

∇——散度符号。

(2)动量守恒方程

流体各个方向上应用牛顿第二定律($F = ma$)所表现的形式:即微元体中流体动量的增加率与作用在微元体上各种力之和。通过牛顿切应力公式和 Stokes 表达式,动量守恒方程为:

$$\rho \left(\frac{\partial \rho}{\partial T} + (\nabla \cdot U)U \right) = -\nabla P + \rho f + \mu \Delta U \tag{5-7}$$

式中各符号意义同前。

（3）能量守恒定律

微元体内热力学能的增加率等于进入微元体的净热流量与体积力和表面积力对微元体做功之和。在通风模拟过程中，设计空气为不可压缩稳定流体作非均匀流动，流体所受压力和速度沿程各个断面的变化及阻力损失，服从能量守恒定律，即伯努利方程，通过 Fourier 导热定律，可以得到流体的比焓 h 和温度 T 表示的能量方程：

$$\frac{\partial(\rho h)}{\partial T} + \nabla \cdot \rho h u - \frac{DP}{DT} = q'^m - \nabla \cdot q_r + \nabla \cdot k \nabla T + \nabla \cdot \sum_l h_l (\rho D)_L \nabla Y_L \qquad (5\text{-}8)$$

式中　q'^m——流体的内热源，W；

　　　k——流体的导热系数，$kW/(m^2 \cdot K)$。

第四项为由于黏性作用机械能转换为热能的部分，称为耗散函数；其余各符号意义同前。

5.3.4.3　井口构筑物几何模拟模型及参数

室外空气一部分经过换热器处理后空气进入构筑物内与一部分通过门窗缝隙渗入的室外空气混合后进入矿井井筒，经过处理后的空气与直接从室外渗入的空气之间进行对流换热，此外，混合空气与围护结构之间发生对流换热，其热交换为耦合传热问题。由于受到外界条件和系统实际运行情况的影响，其热边界条件无法预先确定。为研究问题方便，特作如下假设：

（1）井口构筑物围护结构墙体材料的物性参数为常数。

（2）构筑物内的空气与围护结构之间的换热以对流换热为主，不考虑各表面间的辐射换热。

（3）忽略湿迁移的影响，将围护结构的传热计算与空气的数值模拟统一为一个整体，建立整个计算区域内的传热与流动控制统一方程。

按照井口构筑物的实际结构尺寸，断面为矩形，宽 8 m，墙高 7 m，断面面积 96 m^2，每 1 m 长的构筑物内表面积为 28 m^2，断面周界长度为 28 m。模型构建区域为 100 m×12 m× 8 m 范围。空气换热器的布置如图 5-20 所示，构筑物墙体侧面共布置 20 个换热器，侧面设置 20 个进风口，风口尺寸为 3 m×2 m，风口距地面 0.5 m，风口间距 1.1 m。侧面送风口全部开启，每个送风口风量为 5×10^4 m^3/h，速度为 2.31 m/s，送风温度为 19 ℃，冷风总风量为 1×10^6 m^3/h；通过两侧门洞进入的风量为 2×10^5 m^3/h，风速为 4.61 m/s，温度为 34.8 ℃。

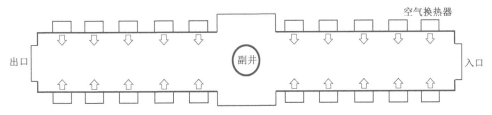

图 5-20　井口换热器的布置示意图

以副井井筒中心处为坐标原点，构筑物长度方向为 x 方向，宽度方向为 y 方向，高度方

向为 z 方向。运用 GAMBIT 软件建立建筑模型(图 5-21)及网格划分网格生成的单元网格数目为 50 400 个,节点 28 785 个;巷道网格生成的单元网格数目为 8 400 个,节点 5 454 个。建筑物内部空气作不可压缩处理,室外空气的热物性参数为:$T=34.1$ ℃,$\varphi=60\%$,$\rho=1.125$ kg/m³,$c=1.005$ kJ/(kg·K),$\lambda=0.0259$ W/(m·K),$a=2.14\times10^{-7}$ m²/s,经过换热器处理后的空气的物性参数为:$T=19$ ℃;$\varphi=95\%$,$\rho=1.1833$ kg/m³,$c=1.005$ kJ/(kg·K),$\lambda=0.0259$ W/(m·K),$a=2.14\times10^{-7}$ m²/s。

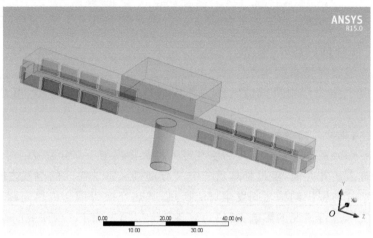

图 5-21　计算区域简化物理模型

5.3.4.4　边界条件设置

(1)初始条件为矿井正常通风时,空气流动属于定常流,$\dfrac{\partial \varphi}{\partial T}=0$;

(2)入口边界条件:根据井口各入口的风速、环境温度、紊流动能和动能耗散率等参数规定入口边界分布,入口风速和环境参数根据实际情况设置,紊流动能(ENKE 自由度)和动能耗散率(ENDS 自由度)用下式计算:

$$K_{\text{m}}=0.05V_{\text{in}}^2$$

$$\varepsilon=\frac{c_{\mu}^{3/4}k^{3/2}}{ky},\eta_{\text{t}}=c_{\mu}\rho k^2/\varepsilon,\rho\mu L/\eta_{\text{t}}=100\sim1\,000$$

(3)出口边界条件:模型出口即井筒入口,井筒入口处设置压力 $P=0$;

(4)壁面条件:构筑物壁面设置粗糙度为 0.7,沿 x,y,z 方向的速度分量无滑移,壁面速度值为零。壁面温度边界条件,壁面温度取定值计算,计算过程中不发生变化。

5.3.4.5　模拟结果

(1)夏季工况

侧面空气换热器的送风口全部开启,进入空气换热器的送风口的风量为 8.33×10^4 m³/h,速度为 2.49 m/s,送风温度为 19.9 ℃,冷风总风量为 1×10^6 m³/h;通过两侧门洞进入的风量为 2×10^5 m³/h,风速为 4.61 m/s,温度为 34.8 ℃。夏季工况模拟结果如图 5-22~图 5-25 所示。

通过以上模拟结果,夏季处理 1×10^6 m³/h 的风量与室外 2×10^5 m³/h 的空气相混合,得到混风温度为 21 ℃,气流组织和空气温度满足夏季矿井降温要求。

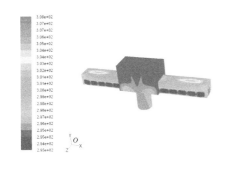

图 5-22　夏季工况井口三维温度场分布图

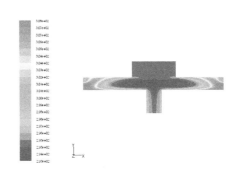

图 5-23　矿井井口纵截面温度场分布图

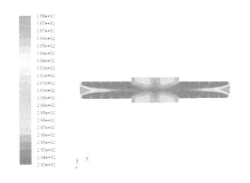

图 5-24　侧面送风口中心横截面温度场分布

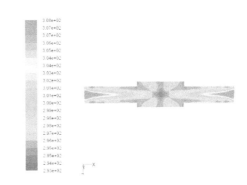

图 5-25　距地面 0.25 m 处横截面温度场分布

（2）冬季工况模拟计算

侧面送风口开启 12 个，一边 6 个，每个送风口风量为 5×10^4 m³/h，速度为 2.31 m/s，送风温度为 35 ℃，通过换热器进入的风量为 6×10^5 m³/h；通过门洞进入的风量为 6×10^5 m³/h，风速为 10.85 m/s，温度为 −12 ℃。冬季工况模拟结果如图 5-26～图 5-29 所示。

图 5-26　冬季工况矿井三维温度场分布图

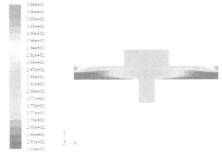

图 5-27　矿井纵截面温度场分布图

通过分析以上模拟结果可看出，冬季处理 6×10^5 m³/h 的风量与室外 6×10^5 m³/h 的空气相混合，开启靠近两个门的 12 个风口，得到混风温度高于 10 ℃，并且井口温度控制在 2 ℃以上。

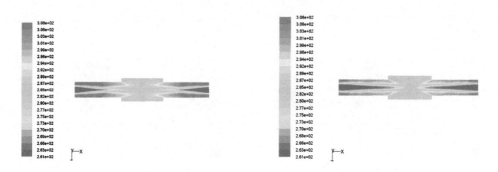

图 5-28 侧面送风口中心横截面温度场分布图　　图 5-29 距地面 0.25 m 处横截面温度场分布图

5.4 矿井降温智能化监管系统

矿井季节性热害最直接的表征就是风流温度的升高,地面高温季节进风温度的变化导致矿井风流温度的非稳态变化,并且矿井各类热源的放热处于动态变化的状态。因此,风流温度监测和降温冷冻水监控是掌握降温系统运行状态和井下降温效果的最直接的方法。本章针对目前降温系统存在的供冷量恒定,无法实现根据冷负荷进行按需供冷,造成工作面的降温效果不佳,同时还浪费了降温能量的问题,研究了矿井降温智能化监管系统,对井下风流的状态参数和降温系统冷冻水进行实时监管,通过降温效果评价系统对风流异常位置进行预警,然后通过远程调控系统对冷水管网流量进行调节,改变降温能量供给量,从而实现降温系统的按需供冷。提高降温系统的运行效率,优化降温系统供冷量的有效供给,提高降温系统智能化水平。

5.4.1 矿井降温智能化监管系统整体构架

矿井降温智能化监管系统主要由矿井风流温度监测系统、矿井冷水管网监控系统和监管软件平台组成。系统整体构架按照智慧矿山的基本层次分为感知层、网络层和应用层,其中感知层主要指采集矿井风流状态参数的传感器,网络层主要指信息传输的载体,实现井上和井下信息的传输,应用层主要指井上监控主机和监管软件平台。整体系统构架如图5-30所示。

感知层由矿井风流特征参数数据采集、矿井冷水管网信息数据采集和矿井冷水管网控制组成,矿井风流特征参数主要收集风流网络中关键位置的风速、温度和湿度数据,矿井冷水管网信息数据采集主要监测冷水管网的冷冻水流量和温度数据,矿井冷水管网控制主要对关键分支节点的冷水流量进行优化分配调节。

网络层主要包括 RS485 总线、矿井工业以太环网,以煤矿现有的工业以太环网为主干,多种通信网络为分支,形成一体式的异构网络平台。

应用层通过云网络方式实现矿井降温系统多源信息数据的整合处理,利用监管软件平台的后台处理功能进行数据分析、状态识别、风温预警、冷水监管和趋势预测,实时显示降温系统的运行状态和降温效果,实现整个系统的动态感知、自主分析和协调管控。

5.4.2 矿井风流状态参数监测

矿井风流温度监测是为了实时监测热害矿井进风风流、工作面风流和主要作业地点风

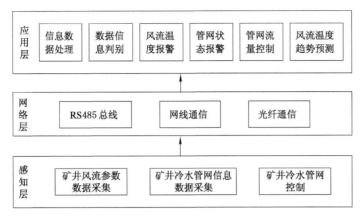

图 5-30　矿井降温系统智能化监管系统整体构架

流的状态参数,在地面监控平台实时显示监测地点信息和风流状态参数,为精准掌握井下热环境提供参数,同时为井下降温系统运行状态的及时调整提供调节依据,当监测风流环境无法满足要求的环境温度时,可及时调整降温系统的运行功率,实现风流温度的及时调整,提高降温系统运行的效率,有效改善井下环境。

5.4.2.1　系统布置

矿井风流状态参数监测系统主要由地面系统和井下系统组成,地面系统主要由软件监管软件平台和地面交换机组成,井下系统主要由信号传输设备(环网交换机、监测分站)和监测传感器(温度、湿度和风速)组成,并由煤矿隔爆兼本安型电源为监测分站供电,如图 5-31所示。井下降温的主要场所为采掘工作面,其中以采煤工作面为例,根据降温设备的布置方式,矿井风流参数监测传感器主要布置在工作面进风巷,工作面上隅角位置、工作面中下部位置和工作面回风巷中,分别用于监测进风巷中风流和工作面关键位置的风流状态。

5.4.2.2　系统功能

(1)实时监测风流的温度、湿度和风速数据,传感器将监测数据传输至监测分站,然后通过井下工业环网传输至地面监管软件平台,实现数据的实时显示。

(2)在监测传感器中设置报警阈值,传感器监测到的风流状态数据自动进行阈值判断,一旦监测数据超出设定的阈值范围,则监测传感器自动发送报警信号,在地面监管平台进行报警。

(3)根据降温系统智能化调控的需要,风流监测数据可以与冷冻水管网控制系统进行数据交互。

(4)用户可以通过配套的数据分析管理软件,远程查询采集的温湿度信息,对温度数据进行分析、导出报表、显示数据曲线,并可将图表或报表存档、打印。

(5)系统对需要进行增加监控区域,可在线编辑增加传感器信息,并对监测点的信息进行实时更新。

(6)远程监控设备预留拓展接口,可接入气体多参数监测传感器和其余监测传感器,方便后期扩展使用。

5.4.2.3　系统组成

(1)矿用温度传感器

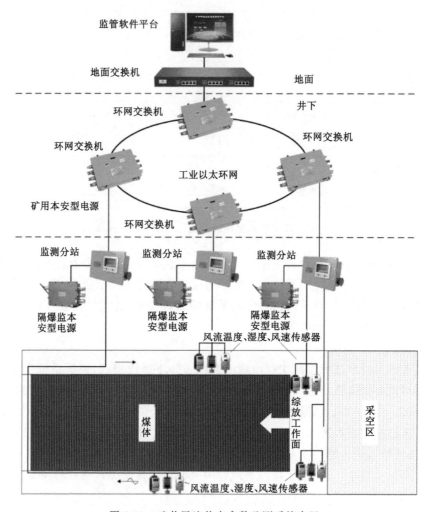

图 5-31　矿井风流状态参数监测系统布置

温度传感器主要用于煤矿井下环境温度及湿度监测,传感器的温度探头选用精密半导体感温元件,单片机读取探头的温度信号,经运算处理后显示温度数值,同时根据检测温度输出对应的信号。采用本安电路设计,适用于煤矿井下或地面有瓦斯爆炸气体环境中,能够对管道介质温度、环境温度以及机电设备轴承温度进行连续检测。

矿用温度传感器的使用条件主要是环境温度为 0~40 ℃,平均相对湿度不大于 95％RH(25 ℃),大气压力为 80~106 kPa,可以在煤矿井下有甲烷和煤尘爆炸性混合物的环境中使用,同时需要确保使用场景内无强烈振动和冲击,无破坏金属和绝缘材料的腐蚀性气体以及无滴水。

温度传感器的主要技术参数有工作电压为 DC18 V,工作电流不大于 100 mA,测量范围在 0~100 ℃之间,显示基本误差 3％,输出的基本误差 3％;输出信号采用 4~20 mA 电流型模拟量信号。

（2）矿用风速传感器

矿用风速传感器用于煤矿井下各种主要的测风巷道及风口,主要通风机井口等处的风速检测。矿用风速传感器为本质安全型,是一种智能型的检测仪表,使用方便,能与各种煤矿安全监测系统配套使用。

矿用风速传感器实现了全数字化设计,采用单片微机和高集成数字化电路,高性能的传感器元件加上仪器内部软件的自动非线性补偿使得仪器对风速的检测具有较高的灵敏度,风速探头采用超声波元件,超声波被风速调制解调后经波形整形电路处理后输出与风速对应的频率信号,再送给单片机电路进行运算处理,然后输出对应的频率信号,并进行风速值的就地显示。传感器还具有开机自检、自动稳零、精度校正等功能,可实现仪器的零点、精度的调整,报警值的设定以及输出信号的设定。

风速传感器的主要参数有:测量范围在 $0.4\sim15$ m/s 之间,测量误差小于 ±0.2 m/s,响应时间小于 10 s,显示分辨率量为 0.1 m/s,传输距离大于 2 km,输出信号为 $200\sim1\,000$ Hz 或 $4\sim20$ mA,工作电源为本安 DC9$\sim$24 V/95 Ma。

(3) 矿用湿度传感器

矿用湿度传感器主要用于煤矿井下环境湿度监测,采用湿度传感技术与集成电路装配而成,湿度探头采用电容性聚合体测湿敏感元件,湿度探头把传感元件和信号处理集成起来,输出全标定的数字信号,与 14 位的 A/D 转换器以及串行接口电路实现连接。

矿用湿度传感器可以在环境温度为$-50\sim+50$ ℃,周围空气相对湿度最大值为 100%,环境大气压 $80\sim110$ kPa 的条件下使用。主要技术参数有温度检测范围为 $0\sim50$ ℃,湿度检测范围为 $0\sim100\%$RH,外接电源工作电压为 DC9$\sim$21 V,输出信号为 $200\sim1\,000$ Hz,与分站之间通信采用 RS485。

5.4.3 矿井冷冻水管网监控

矿井冷冻水管网远程在线监控系统适用于热害矿井中对降温系统的冷冻水管网运行状态监测和冷冻水流量控制。通过井下监控设备和地面监管软件平台的结合使用,地面调度人员可在监管平台的管网监测板块中远程监测井下冷水管网的压力及流量情况,对将阀门的开关状态、工作状态、设备是否在线、历史数据查询等信息反馈回来显示于 PC 管理平台,科学管控井下水泵和阀门的启停,保障供水压力平衡和流量稳定,及时发现冷水管网水力失衡报警,并自主调节管网压力和流量实现动态平衡。

5.4.3.1 系统示意图

冷水管网远程在线监控系统主要由监控平台(PC 监控管理平台)、远程监控设备(地面交换机、工业以太环网、矿用隔爆本安型 PLC 控制器、矿用监测分站、矿用超声波流量传感器)、现场控制设备(矿用隔爆本安型阀门控制箱、电动调节阀)组成,如图 5-32 所示。

5.4.3.2 系统功能

(1) 实时监测电动阀门的开到位、关到位状态和阀门的开度;

(2) 远程控制电动阀门的开启、关闭和停止,远程控制电动阀门的开度(需具备开度信号输出功能);

(3) 具备实时数据、历史数据的查询功能(阀门工作操作记录);

(4) 统计链路阀门和流量计数量;

(5) 对采集链路、通讯网络进行诊断,使监管人员随时了解通讯及数据传输状态;

(6) 用户可以通过配套的数据分析管理软件,对温度数据进行分析、导出报表、显示数据曲线,并可将图表或报表存档、打印;

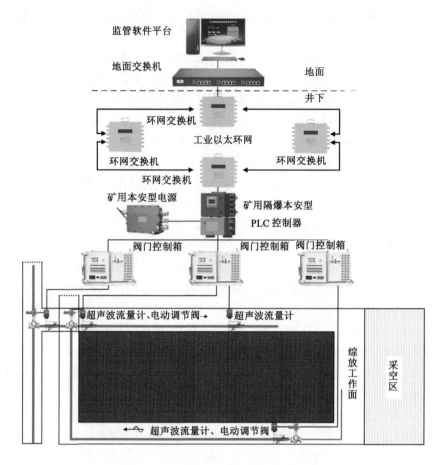

图 5-32　冷水管网远程在线监控系统布置

（7）远程监控设备预留接口，可接入电磁流量计与压力变送器，方便后期项目扩展；在该功能下，可扩展报警联动控制功能。

5.4.3.3　系统组成

（1）矿用本安型超声波流量计

矿用本安型超声波流量计，通过时差法测量管道内液体的流量，管径可测范围 DN20～DN500。超声波流量计具有电流输出、频率输出、开关量输出及 RS485 通信功能。

超声波流量计的测量采用 40 p 秒时差法测量，测量管径范围为 DN20～DN500，最大测量流速为 32 m/s，测量精度为 ±1.5％，通过背光型汉字液晶显示器进行显示，信号输出方式为 4～20 mA 电流、200～1 000 Hz 频率、开关量、RS485，传感器探头安装方式为外夹式，最高工作温度为不大于 160 ℃，电源电压为 DC12～26 V，功耗为不大于 2 W，质量约为 2 kg。

超声波流量计的工作环境条件为大气压力在 80～106 kPa，周围环境温度不高于 ＋40 ℃，不低于－10 ℃，周围空气相对湿度不大于 95％（20 ℃±5 ℃），在无显著摇动和冲击振动的地方，在无腐蚀金属和破坏绝缘的气体和蒸气的环境中和无连续滴水及液体浸入的地方。

（2）超声波流量计的安装方式

两个传感器安装在管道轴面的水平方向上，并且在轴线水平位置±45°范围内安装，以防止上部有不满管、气泡或下部有沉淀等现象影响传感器正常测量。

Z形安装法（图 5-33）：当管道很粗或液体中有悬浮物，管内壁结垢太厚或衬里太厚，则采用此方法。Z形安装法的特点是超声波在管道中直接传输，没有反射，信号衰减小。

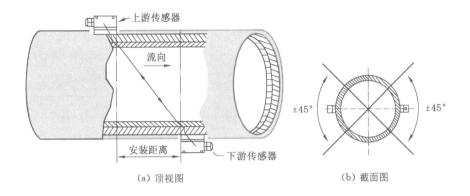

（a）顶视图　　　　　　　　　　　（b）截面图

图 5-33　Z形安装法

V形安装法（图 5-34）：适用于 DN80 以下的小管径场合，特点是安装方便，在管道同一侧，容易安装。

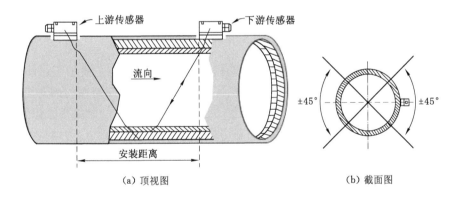

（a）顶视图　　　　　　　　　　　（b）截面图

图 5-34　V形安装法

（3）矿用井下电动调节阀

矿用井下电动调节阀是针对煤矿管网流量调节使用，起到调节各支流量和压力的作用。主要特点是调节精度高，对管路系统的流量分配均匀，控制调节方便，可实现就地控制和远程控制，并将调节数据远传至集控系统，实时观测调节量。

调节阀的蝶阀采用三维偏心设计原理，执行机构强制密封。密封副由两个重合的圆锥体斜截面组成，蝶板旋转中心经过对阀体、阀座的偏心值后，实现开启和关闭的瞬间接触和分离，通过调节型电动装置，可实现近似等百分比调节功能，并由蝶板密封圈金属与石墨层叠结构实现迷宫式密封，既能使阀门开关扭矩小又能保证蝶阀密封性能。

（4）电动调节阀的性能试验

电动调节阀的性能试验结果如表 5-12 所列。

表 5-12　电动调节阀的性能试验

公称通径		DN50～DN5 000	安装方式	立式或水平安装
公称压力		PN0. 25～PN20 MPa	运行方式	连续工作制
试验压力	强度	PN1.5 MPa	工作参数	调节型电动
	密封（水压）	PN1.1 MPa		
	密封（气压）	0.6 MPa		
强度水压试验时间		300 s	工作介质	水、油、蒸汽
适用温度		−29～350 ℃	流阻系数	≤0.10

（5）电动阀门的主要参数

电动阀门的主要参数如表 5-13 所列。

表 5-13　电动阀门的主要参数

阀门主要尺寸/mm								矿用隔爆型阀门电动装置主要参数			
DN	L	b	D	D_1	D_2	D_3	$n-\phi d$	型号规格	转矩/(N · m)	转速/(r/min)	电机功率/kW
250	775	250	470	400	352	313	12—ϕ41	ZB60-24	600	24	1.5
300	900	300	530	460	412	364	16—ϕ41	ZB90-24	900	24	2.2

（6）矿用隔爆型阀门电动装置控制箱

矿用隔爆型阀门电动装置控制箱是针对阀门的专用控制设备，主要用于启闭件做直线运动的阀门配套使用，如闸阀、截止阀、隔膜阀、闸门、水闸阀等，用于对阀门的开启、关闭、调节。控制箱具有短路保护、过载保护、欠压保护、过力矩保护、断相保护及相序识别、自动纠正等功能；并设置了行程控制、远方/就地控制切换等功能。在此基础上，为监视设备的运行情况，还设置有开阀指示、关阀指示、故障指示及阀位液晶开度显示等各种运行监视指示。控制箱有功能全、性能可靠、控制系统先进、体积小、重量轻、使用维护方便等特点，具有与 PLC 系统接口的衔接的功能。

阀门控制箱在环境气压为 86～110 kPa，环境温度为 −10～+40 ℃，空气平均相对湿度不大于 95％（+25 ℃）的条件下使用。主要技术参数有额定工作电压为三相 AC660 V 或 AC380 V，额定工作频率为 50 Hz，模拟信号反馈形式为电流 DC4～20 mA。

阀门控制箱的数据显示主要有动作状态显示，正在开显示"开运转"并闪烁，正在关显示"关运转"并闪烁，开到位显示"开位"，关到位显示"关位"；开度显示，显示阀门实际开度百分比数字 0％～100％；在模拟控制丢信状态显示丢信，显示当前电动装置的工作模式。

5.4.4　降温系统智能化监管平台

矿井降温系统智能监管平台用于对井下降温系统和冷冻水管网控制系统进行人为操作的软件系统，主要功能为实时显示系统运行的各状态参数，通过井上下信息交换系统发送控制信号,调节井下冷水管网阀门开启程度,实现对井下冷水管网流量的远程调控。监管平台主要分为实时温度监测模块、工作面测点信息显示模块、温度监测数据变化趋势模块和井下冷水管网监控模块。

5.4.4.1 平台功能

(1)环境状态监测

矿井降温系统智能监管平台对井下工作面流经进风巷和工作面的风流状态进行监测,通过布设在进风巷和工作面的风流温度传感器实时获取风流温度数据,传感器将获取的环境温度数值上传至监控平台,监控平台接收到温度数据后对其进行分类处理显示。监控平台对实时温度的显示数据主要包括进风巷的风流温度、工作面温湿度、空冷器进出口温度,同时对各个测点的位置信息进行显示。

(2)监测数据报警

监控平台根据《煤矿安全规程》所规定的环境温度要求,设置环境监测温度的警戒温度值为 26 ℃,监控平台对所收集的温度数据进行评判,当温度数据超过 26 ℃后,温度数值显示为红色状态。空冷器温度监测界面中设置有参考值,设置空冷器的进风口温度和出风口温度差值的参考数值,对空冷器的运行状态进行评价。

(3)监测点信息设置

监管平台在对井下信息显示的基础上,还能够对测点的信息进行编辑,操作人员通过界面能够自主增加监测点,设置监测点的位置信息和对应的监测传感器,使增加的监测点显示信息与井下传感器的采集信息相对应,确保信息显示的准确性和时效性。

(4)监测点位置信息显示

监控平台能够对工作面测点位置分布进行显示,根据导入监控平台的工作面通风系统图,在图中按实际位置标记各监测点的位置信息,并通过红绿色标记测点的在线状态,用红色代表掉线、绿色代表在线。对平台中新增和删除的监测点信息进行及时更新,并在图中更新显示。

(5)温度变化趋势显示

监管平台中的温度变化趋势显示模块主要对监测的温度数据变化趋势进行折线图形式显示,变化趋势的显示可以选择监测数据中的任一温度数据进行导入,并以折线图形式呈现。温度变化趋势显示中可设置测点温度变化趋势的显示和隐藏,选择性地显示测点温度变化趋势,并显示数据来源的监测点信息,横坐标的时间随着监测数据的相应更新变化。

(6)井下冷水管网监测

监管平台中的井下冷水管网监控模块具有对冷水管网流量监测的功能,主要对管网不同测点的位置信息、冷冻水流量数据进行显示,同时具有测点信息设置功能,能够增加和删除测点数量,对测点的位置信息进行更改,更换测点对应的监测传感器信号数据源。

(7)井下冷水管网流量报警

监管平台设置冷水管网不同测点的流量阈值范围,对各测点流量监测数据与设定阈值范围进行对比。当流量数据超过阈值设定范围,对该测点的流量数据进行报警,在报警位置显示测点信息和流量数据,方便工作人员查询。

(8)井下冷水管网控制

井下冷水管网监控模块中主要功能是对管网流量进行调节,控制模块中具有自动调控和手动调控两种方式的切换,在自动控制中设置有调节阈值设置。在管网控制界面中,主要由控制节点信息显示、阀门开度显示、阀门开度调节和状态显示。控制节点所显示的信息主要为位置信息,阀门开度显示目前阀门的开启程度,阀门开度调节分为开度增加和开度减小两种方式,通过设置不同的百分比数值实现对管网阀门开启程度调节,状态栏通过正常和异常两种状态显示阀门是否按要求调整到位。

5.4.4.2 监管软件平台界面(图 5-35)

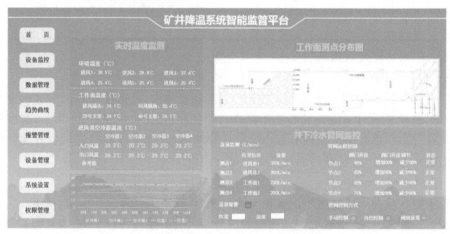

图 5-35 监管软件平台界面

(1)菜单栏设置

监管平台菜单栏包括首页、设备监控、数据管理、趋势曲线、报警管理、设备管理、系统设置和权限管理,菜单栏中的各项功能用于对系统监测数据的处理、监测设备管理、系统参数设置和控制系统设置。

(2)设备监控

设备监控项对与系统连接的设备运行状态进行监测,主要对设备的运行情况进行检查,调整设备精度,对设备监测数值的准确性进行分析。

(3)数据管理和趋势曲线

数据管理项主要对平台接收的数据进行分类处理,对接收的数据进行统计记录,形成数据记录库,具有监测数据以文档形式导出的功能。趋势曲线项用于选择形成变化趋势曲线的数据源,对趋势曲线的横纵坐标进行量级设置。

(4)设备管理

设备管理项用于设备的添加和删除,对与平台连接的温度传感器、流量传感器和阀门控制器,按照实际布设情况进行相应编辑,增加设备时添加设备信息和位置信息,用于在监控平台界面显示。

(5)系统设置和权限管理

系统设置和权限管理用于平台的基础系统设置,对其通讯方式、显示方式和格式进行设置,权限管理用于系统平台的授权使用,用于确保其安全性。

5.5　本章小结

在分析制冷降温方式的基础上,研究适用于矿井季节性热害的降温方式和系统,利用井口全风量通风降温方法对矿井季节性热害进行治理,主要结论如下:

(1)研发了矿井全风量制冷降温系统。建立了离心式水源热泵机组、井口房降温气室、无动力空气换热器等组成的地面集中降温系统,可将主、副井全部入井风流风温降低 $10\sim15$ ℃。

(2)根据矿井总进风的特点,研制了适用于矿井井口的大风量空气热、湿处理设备,并进行换热器热工性能试验,设计参数能够满足实际使用要求。

(3)设计了井口大风量无动力空气换热系统,测试分析了进风空气状态变化对换热量、出风空气状态参数、传热系数、析湿系数等影响规律,数值模拟了漏风状况下通风状态参数,能够满足系统降温要求。

6　矿井季节性高温热害治理工程实践

地面集中式全风量制冷系统能够降低井口进风流温度,消除矿井季节性热害对煤矿安全生产及工人健康的影响。本章在分析赵楼煤矿高温季节性热害情况及地面气候对井下气候影响规律的基础上,对矿井冷负荷进行计算。通过地面集中式制冷系统的设计及其布置,对热害治理效果进行分析,解决矿井季节性热害治理难题。

6.1　赵楼煤矿工程实践

6.1.1　矿井季节性热害概况

兖煤菏泽能化公司赵楼煤矿位于巨野煤田的中部(图 6-1),北距郓城县城约 22 km,东距巨野县城约 13 km。井田含煤地层为山西组和太原组,主采 3 煤层,埋深 700～1 200 m,煤层平均厚度 6.19 m,煤层倾角 2°～18°,属赋存比较稳定煤层。井口设计标高 45 m,井底车场水平标高－860 m。

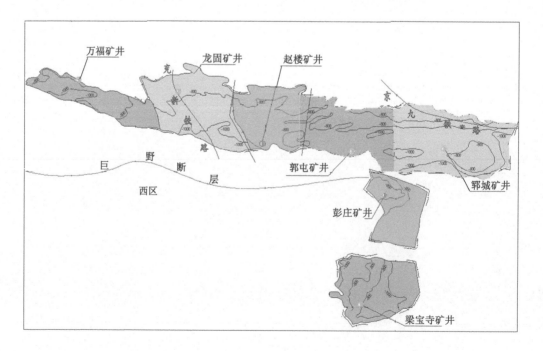

图 6-1　巨野矿区井田划分图

　　矿井主要热源有地表季节性气温、地温、空气压缩热、大型机电设备散热及氧化放热等多种因素影响。采深加大,地温升高,地热成为矿井的主要热源。赵楼煤矿煤层属正常地温梯度为背景的高温区,地层年恒温带为50～55 m,温度为18.2 ℃,平均地温梯度2.20 ℃/100 m;非煤系地层平均地温梯度1.85 ℃/100 m,煤系地层平均地温梯度2.76 ℃/100 m,初期采区大部分块段原岩温度为37～45 ℃,处于二级热害区域。煤层开采采用综采放顶煤开采,开采强度大,围岩散热量大,热害治理难。经测定:赵楼煤矿一采区1304采煤工作面区域煤体原始温度约为(43.5±0.1) ℃;一采区1302采煤工作面煤体原始温度约为(40.5±0.1) ℃。根据测算,赵楼煤矿采、掘进工作面空气温度一般在32～35 ℃,现采取机械制冷降温方法解决矿井热害问题。

　　赵楼煤矿安装使用了 WAT 公司生产的井下集中式冷水降温系统。降温方案实施后,取得了比较明显的降温效果,但目前存在降温系统制冷能力不足的问题。通过对矿井制冷系统全年运行情况(表6-1)统计表明,现有制冷机组在冬季(1、2、12月)和春秋季(3、4、5、6、10、11月)能满足矿井用能需求,但每年7月上旬—9月下旬三个月的时间三台机组全部运行,仍然不能满足矿井制冷降温需求,采掘活动受到较大影响,严重制约矿井生产能力的提高。实测数据表明,2013 年夏季7—8 月份井底车场空气温度达到32 ℃,湿度为93％左右;当采煤工作面进风巷安设 4 台空冷器时,进风隅角温度为26～27 ℃,湿度为80％左右;但工作面风流温升十分明显,工作面回风温度达到33～34 ℃,严重影响工作效率。

表 6-1　制冷机组全年运行情况对照表

序号	月　份	运行机组台数	运行效果
1	12、1、2	1	良好
2	3、4、11	2	良好
3	5、6、10	3	良好
4	7、8、9	3	制冷负荷不足

6.1.2　矿井全风量降温系统

6.1.2.1　矿井冷负荷的预测

　　1. 矿井气候状态参数测定

　　对1307 工作面通风线路上[地面等候室、井底车场、运输大巷入口、运输大巷(距入口200 m)、运输大巷(距入口 700 m)、一采区三车场入口、一采区三车场下口、1307 工作面联络巷、1307 工作面运输巷、1307 工作面运输巷中部、1307 工作面运输巷风机前、1307 工作面风筒出口、1307 工作面入口、1307 回风巷]进行布点,并对各点的空气状态参数进行测试。采用数字式精密气压计,干、湿球温度计,风表,水温计,测尺,WMY-01 数字测温计,红外测温仪等仪器设备。

　　测点布置图如图 6-2 所示,测定数据见表 6-2、图6-3～图 6-6。

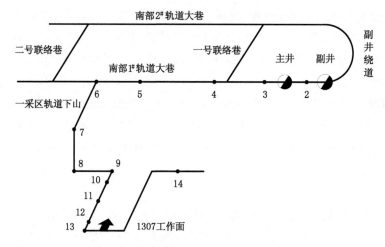

图 6-2 空气状态参数测试测点布置图

表 6-2 空气状态参数测试数据

测点编号	位置	干球温度/℃	湿球温度/℃	相对湿度/%	焓值/(kJ/kg)
1	地面等候室	23.6	21.20	81	61.99
2	副井井底车场	26.8	25.60	91	74.60
3	运输大巷入口	27.1	25.58	89	74.46
4	运输大巷（距入口 200 m）	27.2	25.72	89.3	75.02
5	运输大巷（距入口 700 m）	27.8	25.88	86.5	75.80
6	一采区三车场入口	27.6	25.62	86.0	74.74
7	一采区三车场下口	28.1	26.36	87.8	77.74
8	1307 工作面联络巷	28.9	26.97	86.8	80.39
9	1307 工作面运输巷	28.9	27.00	87.0	80.513
10	1307 工作面运输巷中部	28.0	26.88	92.0	79.77
11	1307 工作面运输巷风机前	28.0	27.12	93.7	80.75
12	1307 工作面风筒出口	26.0	24.67	90.0	70.79
13	1307 工作面入口	25.7	24.88	93.6	71.47
14	1307 回风巷	31.0	31.00	100.0	98.64

由图 6-6 可以看出,空气焓值沿程增加,从地面到井底车场增幅大,主要原因是空气压缩热使空气的焓值增大,轨道运输大巷中空气焓值变化不大,说明巷道调热圈与风流之间趋于热平衡状态;进入采区内部,焓值小幅增大,由于采区内有机械设备的散热、人员散热以及巷道壁面温度高于空气温度,向进风流中传递热量所致;到 1307 工作面的进风巷,由于井下集中制冷系统在进风巷安设 2 套空冷器,部分风流与经空冷器冷却后的风流进行混合,其空气焓值突然下降,然后经过一段井巷后焓值有一定上升;风流经过工作面区段后其焓值增幅变大,说明工作面区段散热量大,主要是由于新暴露煤层温度高(40 ℃)、面积大,采煤机和刮板运输机设备的发热量大造成。说明井下热源主要集中在采区工作面区段,而运输大巷向风流散热量较少。部分区段运输巷道从风流中吸收热量,使空气的焓值下降,巷道调热圈

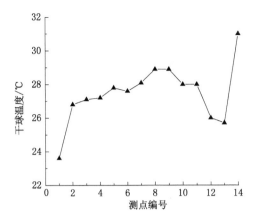

图 6-3　各测点空气的干球温度

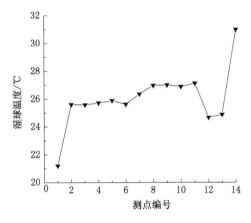

图 6-4　各测点空气的湿球温度

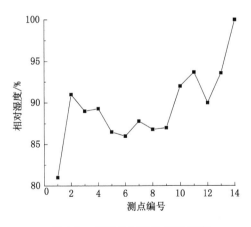

图 6-5　各测点空气的相对湿度

起到了调温作用。

2. 矿井通风降温后地面进风空气热力参数预测

我国《煤矿安全规程》规定,矿井采掘工作面的温度要控制在 26 ℃ 及以下,即采煤工作

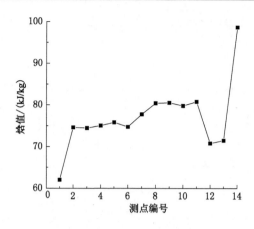

图 6-6　各测点空气的焓值

面进风口处风流温度不超过 26 ℃。

　　根据矿井巷道的热、湿交换特点,并依据第 4 章矿井风网解算为基础的矿井风温、湿度预测模型,基于 AutoCAD 平台开发的井下巷道风流温度、湿度计算预测软件,以赵楼矿实际通风系统为例,预测了 1307 工作面进风平巷入口风流温度为 28 ℃,相对湿度为 80%时,地面井口进风空气参数,如表 6-3 所列。

表 6-3　采取降温措施后各地点的空气参数

测点编号	测点位置	干球温度/℃	相对湿度/%	焓值/(kJ/kg)
1	井口	20.0	90.0	54.016
2	井底车场	25.0	89.0	66.626
3	运输大巷入口	25.0	88.0	66.486
4	运输大巷(距入口 200 m)	25.5	86.5	67.046
5	运输大巷(距入口 700 m)	26.2	82.0	67.826
6	一采区三车场入口	26.0	82.0	66.766
7	一采区三车场下口	27.0	81.0	69.766
8	1307 工作面联络巷	28.0	80.0	72.416

　　由表 6-3 可以看出,采取降温措施后 1307 工作面联络巷处风流温度不超过 26 ℃,通风降温后地面井口进风温度为 20 ℃,相对湿度为 90%。

　　3. 矿井全风量降温需冷量的计算

　　根据采取降温措施前各测点的实测数据,采取降温措施后采煤工作面进风口处风流温度不超过 26 ℃,已知未采取降温措施时某通风段的起、终点空气状态参数和采取降温措施后终点空气状态参数,假定采取降温措施前后,预测区段的散热量不变,根据热量平衡原理推算出采取降温措施后,起点空气状态参数。

　　(1)室外气象参数

　　夏季空调总天数:90 d;

　　夏季空调计算干球温度:34.8 ℃;

夏季通风计算干球温度:32.0 ℃;

夏季空调计算湿球温度:27.8 ℃;

夏季通风计算相对湿度:59%;

计算风速:冬季 3.0 m/s,夏季 2.5 m/s;

主导风向:东南风,夏季偏南风,冬季偏北风。

(2) 处理后的空气设计参数

根据风温的预测结果,将夏季矿井井口进风空气温度处理到 20 ℃。可使工作面的风温满足《煤矿安全规程》的规定要求。

(3) 冷负荷计算结果

赵楼矿总进风量达到 16 000~18 000 m³/min,按照总进风量 18 000 m³/min 计算,空气处理前后的状态参数如表 6-4 所列,可处理进风空气所需的冷负荷为:

$$Q_1 = G(h_2 - h_1) = \frac{18\ 000}{60} \times \frac{1.1 + 1.176}{2} \times (106.62 - 56.00) = 17\ 282\ (kW)$$

表 6-4　夏季制冷计算空气状态参数

夏季空调计算室外空气状态参数		夏季矿井井口送风空气状态参数	
进风干球温度/℃	34.90	出风干球温度/℃	20.05
进风湿球温度/℃	27.65	出风湿球温度/℃	18.84
进风焓值/(kJ/kg)	106.62	出风焓值/(kJ/kg)	56.00
进风相对湿度/%	59.00	出风相对湿度/%	90.22
进风含湿量/(g/kg)	21.00	出风含湿量/(g/kg)	13.20
风流密度/(kg/m³)	1.131	风流密度/(kg/m³)	1.188

6.1.2.2　矿井全风量降温系统选择

赵楼煤矿季节性热害治理拟采用两种方案,即热电冷联产地面集中式降温系统和离心式水源热泵机组地面集中降温系统。

1. 热电冷联产地面集中式降温系统

选用蒸汽型溴化锂冷水机组,根据机组对蒸汽入口压力要求不同,蒸汽入口压力分别为 0.4 MPa、0.6 MPa 和 0.8 MPa 的设备参数不同。可以考虑到赵楼煤矿综合利用电厂凝汽式汽轮发电机组辅助蒸汽压力为 1.0~1.2 MPa,选用 0.8 MPa 双效溴化锂冷水机组做空调系统的冷源。

(1) 冷冻水泵:5 台(4 用 1 备);水泵流量:850 m³/h;水泵电功率:110 kW;水泵扬程:30 m。

(2) 冷却水泵:5 台(4 用 1 备);水泵流量:1 200 m³/h;水泵电功率:132 kW;水泵扬程:25 m。

(3) 冷却水塔流量:1 200×4=4 800 m³/h;总配电功率:25×4=100 kW。

以溴化锂冷水机组为冷热源系统投资概算 4 060 万元,运行费用 601 万元。

2. 离心式水源热泵机组地面集中降温系统

选用 4 台离心式水源热泵机组,单台机组制冷量为 4 500 kW,输入功率 780 kW,总制冷量 18 000 kW,根据机组冷水流量和冷却水流量来选择附属设备。

（1）冷冻水泵：5 台（4 用 1 备）；水泵流量：772 m³/h；水泵电功率：90 kW；水泵扬程：30 m。

（2）冷却水泵：5 台（4 用 1 备）；水泵流量：922 m³/h；水泵电功率：110 kW；水泵扬程：20 m。

（3）冷却水塔流量为 4 000 m³/h,两组冷却水塔并联使用,便于冷却水流量的分配,总配电功率为 $7.5 \times 10 = 75$ kW。

以离心式水源热泵机组为冷热源的空调系统的初期投资概算为 3 960 万元,运行费用为 584 万元。

综上所述,选择离心式水源热泵机组作为矿井全风量制冷降温系统方案。

6.1.2.3 矿井全风量降温系统工艺

1. 制冷机组配置和工艺

由于地面气候随着季节发生变化,不同时段制冷负荷将随着地面空气负荷的变化而变化。根据负荷软件计算,6 月上旬和 10 月下旬冷负荷为 4.5 MW 左右,只需 1 台制冷机组运行即可满足要求;6 月下旬、10 月上旬冷负荷为 9 MW 左右,2 台制冷机组运行即可满足要求;9 月冷负荷为 14 MW 左右,3 台制冷机组运行即可满足要求;7 月、8 月冷负荷为 18 MW 左右,4 台制冷机组运行即可满足要求;考虑到运行的优化,最大限度地节约能源,按照矿井降温对冷负荷的要求,配置 4 台离心式水源热泵机组。设备机房布置在一层,设置 4 台离心式水源热泵机组、5 台冷冻水泵、5 台冷却水泵、储水池（240 m³）,如图 6-7 所示。

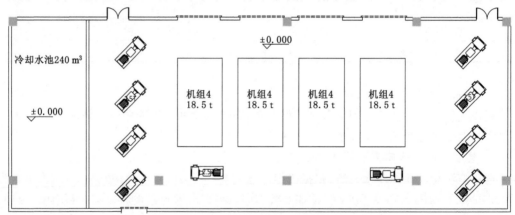

图 6-7　机房布置图

（1）冷冻水系统

由冷水机组制备的冷冻水通过架空敷设 DN630 保温管道通往主井和副井井口换热站,夏季使进入矿井的空气降温,达到要求的送风参数进入井下。

（2）冷却水系统

设置冷却塔排放系统的冷凝热,冷凝热量为 21 410 kW,按照冷却水进水温度 32 ℃,回水温度 37 ℃计算,冷却水流量为 3 700 m³/h,考虑 10%的富裕量,采用 2 组冷却塔,每组循环水量 2 000 m³/h。由于厂区供水不稳定,设置集水池,冷却塔回水进入集水池,可以确保水泵的吸水管始终处于满流状态,并起到定压作用,使系统运行稳定,可靠性增强。此外还可以避免冷却塔底盘水位不平衡问题。

按冷却塔设计吨位布置(4 200 t/h),间距 3 m,每组长度 24.5 m,流量 2 100 t/h,共布置两组,屋面冷却塔工艺布置如图 6-8 所示。地面部分制冷设备如图 6-9 所示。

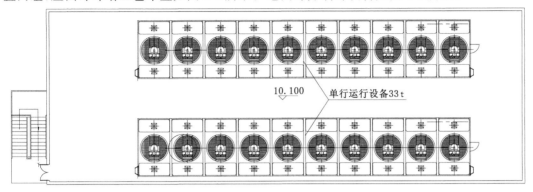

图 6-8　冷却塔工艺布置图

（a）控制台　　　　　　　　　（b）电控室

（c）水源热泵　　　　　　　　（d）散热塔

图 6-9　地面部分制冷设备

2. 井口换热站

换热站设计有两种方案,即有动力换热器和无动力换热器。有动力换热器需要设置风机为动力,其优点是换热量较稳定,受外界影响较小,但缺点是风机产生的噪声会直接影响井口的通行安全,此外风机需使用防爆型,须有防止火灾的措施。而无动力换热器则可以克服上述缺点,能否使用则须有充分论证。首先,由于矿井通风机在井口产生的负压,换热器通风动力源可以利用矿井通风机提供的通风动力。其次,处理好井口密闭问题,使进入矿井风流先经过换热器处理后再进入井下,才能确保通风降温的效果。由于副井口是人员、材料的主要通道,井口构筑物的入口和井架处密闭不好,会造成大量漏风进入井筒,影响通风降温的效果。最后,换热器的通风阻力足够小,以尽量减少对矿井主通风机运行工况的影响。

为充分利用矿井通风机的动力,克服有动力换热器所产生噪声以及有可能产生的火灾事故的不利影响,通过计算机模拟分析和现场实测验证,结果表明,采用无动力换热器是可行的。

(1) 主井口换热站

主井口设计进风量为 300 000 m^3/h(5 000 m^3/min),对进风空气状态(温度 34.1 ℃,相对湿度 81%)全部进行处理送风空气(温度 20 ℃,相对湿度 95%)需要的制冷量为 4 935 kW。根据井口房能够安设换热器位置和通风断面,共设计 5 台空气换热器,总冷量为 5 064 kW(表 6-5),能满足空气热湿处理的要求。由于进风区处于负压区,每台换热器布置在主井口房外墙侧,需处理好整个建筑的漏风问题,新风进入井下时,先流经换热器表面冷却后进入井下,以确保换热效果。主井口换热器布置如图 6-10 所示。

表 6-5　主井口空气换热器设计参数

序号	位置	型号	数量	风量/(m³/min)	冷量/kW	总冷量/kW	风阻/Pa
1	主井一层左	BMAH2139AH50	1	998	1 011	1 011	118
2	主井一层右	BMAH2147AH50	1	1 209	1 223	1 223	109
3	主井二层	BMAH2215AH50	2	1 400	708	1 417	115
4	主井三层	BMAH2447AH50	1	1 395	1 413	1 413	120
	合计			5 002	4 355	5 064	462

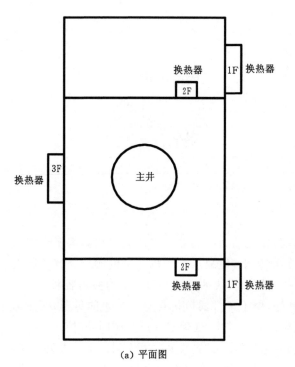

(a) 平面图

(b) 实物

图 6-10　主井口换热器布置图

（2）副井口换热站

副井口设计进风量为 780 000 m³/h（13 000 m³/min），对进风空气状态（温度 34.1 ℃，相对湿度 81%）全部进行处理送风空气（温度 20 ℃，相对湿度 95%）需要的冷负荷为 12 832 kW。根据井口房能够安设换热器位置和通风断面，共设计 14 台空气换热器，总冷量为 12 848 kW（表 6-6），副井口换热器布置如图 6-11 和图 6-12 所示。

表 6-6 副井口空气换热器设计参数

序号	位置	型号	数量	风量 /(m³/min)	总风量 /(m³/min)	冷量/kW	总冷量/kW	风阻/Pa
1	A	BMAH2862AH50	6	1 427	8 564	1 409	8 454	97.4
2	B	BMAH2837AH50	1	836	836	825	825	98.7
3	C	BMAH2237AH50	2	641	1 281	632	1 264	99.0
4	D	BMAH2847AH50	1	1 068	1 068	1 054	1 054	97.4
5	F1	BMAH2828AH50	1	621	621	613	613	97.5
6	F2	BMAH2810AH50	1	189	189	187	187	97.4
7	H1	BMAH2818AH50	1	291	291	288	288	97.5
8	H2	BMAH2811AH50	1	165	165	163	163	98.7
合计					13 014		12 848	783.6

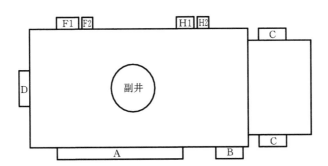

图 6-11 副井口空气换热器平面布置图

图 6-12 副井口空气换热器入风口图

3. 井口封闭技术

由于井口构筑物是主要运输通道，为确保通风降温效果，需加强井口构筑物密闭和控制,避免风流通过井架和东西两侧的风门进入。

    如图 6-13 所示,在沿着铁轨方向,利用彩钢板将四周密封,副井东侧密封长约 50 m,西侧密封长约 20 m。东侧原有门处设置 2 个背带堆积式高速卷门,在延伸处布置 2 个背带堆积式高速卷门。西侧原有门处设置 2 个背带堆积式高速卷门,延伸处设置 3 个背带堆积式高速卷门,地面井口房布置如图 6-14 和图 6-15 所示。

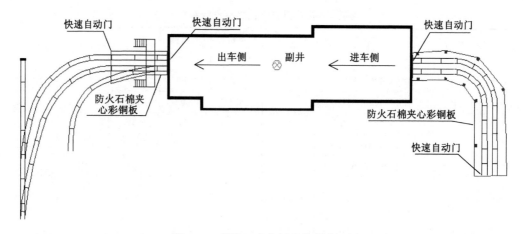

图 6-13　副井口房密闭和控制布置图

图 6-14　地面井口房封闭图

图 6-15　地面井口房内封闭图

每个背带堆积式高速卷门各设置雷达感应系统,当铁轨车辆运行接近高速卷门时,被感应探头检测到后,其对应卷门快速开启,待车辆全部通过后,卷门自动关闭,其后侧对应轨道的卷门开启,在通过后道门以后,后道门保持关闭。

在前道卷门开启时,对应后道卷门保持关闭。当电动门失电时,所有电动门处于开启状态。每道自动门前侧3~5 m处安自动阻车器,与自动门实现闭锁。

6.1.3 降温系统运行分析

对降温系统运行进行了两次测试,主要测试内容:机组运行、井口房表冷器运行情况和井口房空气环境参数,分析制冷效果和漏风量、表冷器风阻等。

6.1.3.1 机组运行情况

(1)第一次测试

分别开启2台机组、2台冷冻水循环泵和2台冷却水循环泵进行制冷运行。表6-7~表6-10分别为第一次测试13:30—15:30(室外空气温度31.8 ℃、湿度58.3%)井口房表冷器、井口房空气环境和机组运行参数记录表。

表6-7 主井井口房表冷器运行测试表

序号	设备编号	表冷器进水温度/℃	表冷器出水温度/℃	表冷器迎风温度/℃	表冷器迎风湿度/%	表冷器出风温度/℃	表冷器出风湿度/%	风速/(m/s)	阻力/Pa
1	1FA	7.2	11.2	30.5	60.5	16.4	92.1	1.6	42
2	1FB	7.3	10.8	30.4	60.7	15.8	89.7	2.0	54
3		7.5	11.6	30.1	59.8	17.7	86.7	2.1	48
4	2FA	7.1	11.3	29.8	60.8	18.4	84.9	1.9	46
5	2FB	7.2	10.4	29.4	60.4	17.6	91.8	1.6	42
6	3F	7.4	10.7	30.6	61.4	18.1	90.6	1.7	50

表6-8 副井井口房表冷器运行测试数据

序号	设备编号	表冷器进水温度/℃	表冷器出水温度/℃	表冷器迎风温度/℃	表冷器迎风湿度/%	表冷器出风温度/℃	表冷器出风湿度/%	风速/(m/s)	阻力/Pa
1	A11	7.4	10.2	30.6	58.6	15.9	92.1	1.5	24
2	A12	7.6	11.3	29.8	58.7	16.4	89.7	1.4	22
3	A13	7.4	10.8	30.6	59.6	15.8	86.7	1.6	25
4	A14	7.5	10.1	30.5	59.4	16.8	86.1	1.5	25
5	A21	7.8	9.9	30.6	59.7	16.7	92.7	1.5	27
6	A22	7.6	10.6	30.4	58.9	16.9	95.4	1.6	29
7	A23	7.8	10.4	30.4	57.9	16.5	93.8	1.5	26
8	A24	7.5	10.2	30.6	59.9	16.7	92.7	1.6	19
9	B	7.4	10.1	29.7	60.2	17.8	91.0	1.4	21

表 6-8（续）

序号	设备编号	表冷器进水温度/℃	表冷器出水温度/℃	表冷器迎风温度/℃	表冷器迎风湿度/%	表冷器出风温度/℃	表冷器出风湿度/%	风速/(m/s)	阻力/Pa
10	C1	7.6	9.6	29.5	60.4	17.9	92.7	1.6	28
11	C2	7.3	9.8	30.5	59.8	16.9	88.7	1.5	26
12	D	7.5	10.7	29.8	60.8	18.2	86.9	1.7	36
13	F1	7.4	9.8	30.2	60.4	17.6	86.1	1.6	22
14	F2	7.6	10.3	30.4	60.5	18.4	87.4	1.9	38
15	H1	7.4	10.2	29.9	61.2	18.7	83.7	2.0	32
16	H2	7.6	9.7	30.7	60.2	16.7	86.7	1.5	29

表 6-9　井口房空气环境测试表

地点	序号	位置编号	温度/℃	湿度/%
主井井口四周	1	JK1	18.7	95.2
	2	JK2	19.5	96.1
	3	JK3	19.8	92.4
	4	JK4	19.2	93.7
副井井口四周	1	JK1	19.8	96.4
	2	JK2	18.9	92.8
	3	JK3	19.4	93.7
	4	JK4	19.6	96.8
主井下井口	1	JX1	25.8	74.6
副井下井口	1	JX1	25.1	84.2

表 6-10　机组运行参数表

热泵机组	机组构造	出水温度/℃	回水温度/℃	机组电流百分比/%	机组运行电功率/kW
1 号	蒸发器	7.1	10.3	68.20	532
	冷凝器	32.6	29.6		
2 号	蒸发器	6.9	10.2	64.40	502
	冷凝器	32.8	29.5		

（2）第二次测试

第二次测试 13:30—16:00（室外空气温度 28.4 ℃、湿度 61.2%）井口房表冷器、井口房空气环境和机组运行参数记录,见表 6-11～表 6-13。

表 6-11　井口房表冷器运行测试表

主井井筒房测试数据

序号	设备编号	表冷器进水温度/℃	表冷器出水温度/℃	表冷器迎风温度/℃	表冷器迎风湿度/%	表冷器出风温度/℃	表冷器出风湿度/%	风速/(m/s)	阻力/Pa
1	1FA	7.4	10.5	28.3	61.2	17.2	82.7	1.6	40
2	1FB	7.6	10.4	28.6	62.5	16.8	86.3	1.7	35
3		7.2	10.7	28.5	63.5	17.4	85.4	1.9	45
4	2FA	7.4	11.2	28.4	64.2	17.9	83.7	1.8	48
5	2FB	7.3	10.4	27.9	61.9	16.8	85.9	1.7	52
6	3F	7.5	11.4	28.2	63.4	15.7	86.5	1.9	39

副井井筒房测试数据

序号	设备编号	表冷器进水温度/℃	表冷器出水温度/℃	表冷器迎风温度/℃	表冷器迎风湿度/%	表冷器出风温度/℃	表冷器出风湿度/%	风速/(m/s)	阻力/Pa
1	A11	7.5	9.6	28.3	61.4	16.5	89.7	1.6	20
2	A12	7.4	10.2	28.4	62.2	17.2	86.7	1.7	21
3	A13	7.5	9.0	28.2	61.8	17.5	85.9	1.7	20
4	A14	7.8	9.2	28.1	60.9	16.9	84.9	1.8	24
5	A21	7.5	9.7	27.8	62.5	18.2	84.6	1.7	21
6	A22	7.4	9.8	27.9	62.4	16.5	86.7	1.5	19
7	A23	7.5	10.2	28.1	63.4	16.4	83.4	1.6	22
8	A24	7.8	10.4	28.4	61.8	15.8	89.4	1.7	24
9	B	7.8	9.6	28.2	65.0	16.4	89.7	1.6	20
10	C1	7.6	9.4	27.9	65.8	17.9	86.7	1.7	26
11	C2	7.4	10.1	27.4	64.8	17.6	85.7	1.5	24
12	D	7.5	9.8	27.7	65.7	18.6	82.9	1.5	23
13	F1	7.6	10.2	27.4	63.9	15.4	83.6	1.5	24
14	F2	7.3	9.3	28.2	64.8	15.6	84.7	1.7	28
15	H1	7.4	9.6	28.5	65.9	16.2	85.9	1.7	25
16	H2	7.4	9.7	27.9	64.6	16.8	84.3	1.8	23

表 6-12　井口房空气环境测试表

地点	序号	位置编号	温度/℃	湿度/%
主井井口四周温、湿度	1	JK1	18.9	82.7
	2	JK2	19.5	83.9
	3	JK3	19.2	87.9
	4	JK4	19.7	87.6

表 6-12（续）

地点	序号	位置编号	温度/℃	湿度/%
副井井口 四周温、湿度	1	JK1	18.9	87.4
	2	JK2	19.2	89.7
	3	JK3	19.4	85.3
	4	JK4	19.5	86.9
主井下井口平均风温和湿度	1	JX1	24.7	76.8
副井下井口平均风温和湿度	1	JX1	24.2	82.6

表 6-13　机组运行参数表

热泵机组	机组构造	出水温度/℃	回水温度/℃	机组电流百分比/%	机组运行电功率/kW
1 号	蒸发器	7.1	10.1	58.50	456
	冷凝器	32.2	29.1		
3 号	蒸发器	7.0	10.3	51.50	402
	冷凝器	32.5	29.3		

6.1.3.2　漏风量分析

（1）第一次测试漏风量分析，见表 6-14、表 6-15。

表 6-14　主井井口房表冷器测试数据

序号	设备编号	风速/(m/s)	表冷器通风 面积/m²	通风面积(加装出 风百叶)/m²	表冷器风量 /(m³/min)
1	1FA	1.6	8.15	7.34	704
2	1FB	2.0	4.71	4.24	508
3		2.1	4.71	4.24	534
4	2FA	1.9	5.40	4.86	554
5	2FB	1.6	5.40	4.86	466
6	3F	1.7	12.04	10.84	1 105
合计					3 871

表 6-15　副井井口房表冷器测试数据

序号	设备编号	风速/(m/s)	表冷器通风 面积/m²	通风面积(加装 出风百叶)/m²	表冷器风量 /(m³/min)
1	A11	1.5	7.50	6.38	574
2	A12	1.8	15.00	12.75	1 377
3	A13	1.6	15.00	12.75	1 224
4	A14	1.5	7.50	6.38	574
5	A21	1.5	7.50	6.38	574

表 6-15（续）

序号	设备编号	风速/(m/s)	表冷器通风面积/m²	通风面积(加装出风百叶)/m²	表冷器风量/(m³/min)
6	A22	1.6	15.00	12.75	1 224
7	A23	1.5	15.00	12.75	1 148
8	A24	1.6	7.50	6.38	612
9	B	1.7	9.68	8.23	839
10	C1	1.6	6.76	5.75	551
11	C2	1.5	6.76	5.75	517
12	D	1.7	10.53	8.95	913
13	F1	1.6	7.04	5.98	574
14	F2	1.9	1.83	1.56	177
15	H1	2.0	3.03	2.58	309
16	H2	1.5	1.48	1.26	113
合计					11 300

由表 6-14 和表 6-15 可知,通过表冷器处理风量主井处理总风量为 3 873 m³/min,副井总进风为 11 300 m³/min。根据井下巷道实测主井总进风为 4 200 m³/min,副井总进风为 12 500 m³/min。计算出主井漏风率为 7.8%,副井漏风率为 9.6%。表明井口房封闭好,无动力空气换热器装置能够实现矿井全风量降温。

（2）第二次测试漏风量分析,见表 6-16、表 6-17。

表 6-16 主井井口房表冷器运行测试表

序号	设备编号	风速/(m/s)	表冷器通风面积/m²	通风面积(加装出风百叶)/m²	表冷器风量/(m³/min)
1	1FA	1.6	8.15	7.34	705
2	1FB	1.7	4.71	4.24	432
3		1.9	4.71	4.24	483
4	2FA	1.8	5.40	4.86	525
5	2FB	1.7	5.40	4.86	496
6	3F	1.9	12.04	10.84	1 236
合计					3 877

表 6-17 副井井口房表冷器测试数据

序号	设备编号	风速/(m/s)	表冷器通风面积/m²	通风面积(加装出风百叶)/m²	表冷器风量/(m³/min)
1	A11	1.6	7.50	6.38	612
2	A12	1.7	15.00	12.75	1 300

表 6-17（续）

序号	设备编号	风速/(m/s)	表冷器通风面积/m²	通风面积（加装出风百叶）/m²	表冷器风量/(m³/min)
3	A13	1.7	15.00	12.75	1 300
4	A14	1.8	7.50	6.38	689
5	A21	1.7	7.50	6.38	650
6	A22	1.5	15.00	12.75	1 147
7	A23	1.6	15.00	12.75	1 224
8	A24	1.7	7.50	6.38	650
9	B	1.6	9.68	8.23	790
10	C1	1.7	6.76	5.75	586
11	C2	1.5	6.76	5.75	517
12	D	1.5	10.53	8.95	806
13	F1	1.5	7.04	5.98	538
14	F2	1.7	1.83	1.56	159
15	H1	1.7	3.03	2.58	263
16	H2	1.8	1.48	1.26	136
合计					11 367

由表 6-16 和表 6-17 可知，通过表冷器处理风量主井处理总风量为 3 877 m³/min，副井总进风为 11 372 m³/min。根据井下巷道实测，主井总进风为 4 230 m³/min，副井总进风为 12 330 m³/min。可以计算出主井漏风率为 8.4%，副井漏风率为 7.8%，也达到原设计要求。

6.1.3.3 负荷分析

（1）根据空气温湿度参数分析

空气焓差法负荷为：

$$Q_1 = (G \times \rho / 60) \times (h_1 - h_2) \tag{6-1}$$

式中　Q_1——空气负荷，kW；

　　　G——测试风量，m³/min；

　　　ρ——空气密度，kg/m³；

　　　h_1，h_2——经过表冷器前、后的空气焓，kJ/kg。

根据 7 月 31 日的数据，室外空气参数为干球温度 30 ℃，相对湿度 60.2%，处理后井口进风参数为干球温度 17.2 ℃，相对湿度 89.4%，经查询两状态下空气焓值，通过计算负荷约为 7 827 kW。

根据 9 月 4 日的数据，室外空气参数为干球温度 28 ℃，相对湿度 63%，处理后井口进风参数为干球温度 17 ℃，相对湿度 85.5%，经查询两状态下空气焓值，通过计算负荷约为 7 135 kW。

（2）根据水系统参数分析

$$Q_2 = a \times c_p \times W \times (T_2 - T_1)/3.6 \tag{6-2}$$

式中　Q_2——水经过表冷器的负荷，kW；

a ——水泵运行流量系数；

c_p ——水的比定压热容，kJ/(kg·K)，可取 4.18 kJ/(kg·K)；

W ——水泵的流量，m³/h；

T_1，T_2 ——经过表冷器前、后的冷水温度，℃。

根据表 6-7，7 月 31 日，表冷器的平均进回水温差取 3.2 ℃，单台冷冻水泵的额定流量为 968 m³/h，则通过水系统计算负荷为 7 205 kW。

根据表 6-16，9 月 4 日，表冷器的平均进回水温差取 3.3 ℃，单台冷冻水泵的额定流量为 968 m³/h，则通过水系统计算负荷为 7 430 kW。

（3）根据机组运行参数分析

$$Q_3 = a \times Q \tag{6-3}$$

式中　Q_3 ——实际负荷，kW；

Q ——机组额定功率，kW。

根据表 6-7 数据中运行负荷率，经查询单台热泵机组的额定制冷量为 4 500 kW，则通过机组运行负荷率计算负荷为 5 967 kW。

根据表 6-16 数据中运行负荷率，经查询单台热泵机组的额定制冷量为 4 500 kW，则通过机组运行负荷率计算负荷为 4 963 kW。

综合以上三种计算结果可知，通过两次试验中三种不同方式的负荷计算分析，见表 6-18。

表 6-18　制冷降温系负荷运行分析

测试序号	风系统负荷/kW	水系统负荷/kW	机组运行负荷/kW	最大偏差率/%
1	7 827	7 205	5 967	<8
2	7 135	7 430	4 963	<10

通过表 6-18 可以看出，能达到实际测试的可接受允许误差范围，由此说明此系统达到了当前工况下的负荷需求。

6.1.3.4　效果分析

两次测试发现：经过空气换热器处理后的空气参数能达到平均温度 17 ℃，湿度 85%～90%，可以看出空气换热器处理室外空气效果明显。井口四周平均温度 19 ℃、相对湿度 85%～94.6%；井下平均温度 25.5 ℃、湿度 80% 左右，送风空气达到了要求，井下空气参数值满足降温需求。

6.1.4　系统制冷效果分析

6.1.4.1　测试方法

井下环境温度与地面同步测试，沿着 1307 综放工作面进风路线，对沿途各主要地点进行了测试。测试地点为：地面、副井井口、副井井底、主井井底、南部 1# 轨道大巷测风站（距副井井口 450 m）、南部 2# 轨道大巷测风站（距副井井口 300 m）、一采区轨道下山上部车场（距副井井口 900 m）、一采区轨道下山中部车场（距副井井口 1 500 m）、一采区轨道下山下部车场（距副井井口 2 000 m），见图 6-16。

6.1.4.2　测试数据分析

为对比运行后的效果，测试数据与未安装的测试进行了对比分析，测试数据如表 6-19、

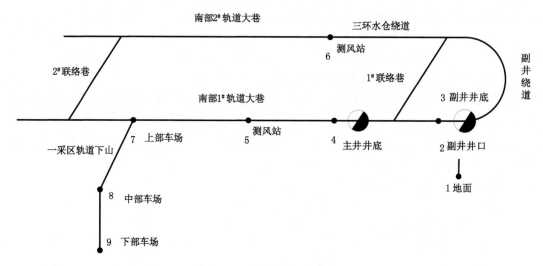

图 6-16　井下测定路线图

表 6-20 所列,测试数据变化曲线如图 6-17～图 6-20 所示。

表 6-19　地面降温系统运行前后环境测试对比表 1

测点编号	测试地点	系统未安装(2013 年 6 月 18 日)			系统运行(2014 年 9 月 4 日)		
		干球温度/℃	湿球温度/℃	相对湿度/%	干球温度/℃	湿球温度/℃	相对湿度/%
1	地　　面	30.0	25.0	65.0	28.4	21.9	61.2
2	副井井口	29.5	—	67.0	19.3	—	87.3
3	副井井底	28.2	26.6	89.0	24.2	21.2	73.6
4	主井井底	28.2	26.8	89.0	24.7	21.6	76.8
5	南部 1# 轨道大巷测风站	28.2	27.0	90.0	25.4	22.4	77.0
6	南部 2# 轨道大巷测风站	28.6	27.2	90.0	25.2	22.4	79.0
7	一采区轨道下山上部车场	28.2	26.8	90.0	25.8	23.2	80.0
8	一采区轨道下山中部车场	28.2	26.8	90.0	26.2	23.6	80.0
9	一采区轨道下山下部车场	28.6	27.4	91.0	27.0	24.2	80.0

表 6-20　地面降温系统运行前后环境测试对比表 2

测点编号	测试地点	系统未安装(2013 年 7 月 16 日)			系统运行(2014 年 7 月 31 日)		
		干球温度/℃	湿球温度/℃	相对湿度/%	干球温度/℃	湿球温度/℃	相对湿度/%
1	地　　面	32.4	23.9	55.0	31.8	24.3	58.3
2	副井井口	31.8	25.2	60.0	19.4	26.1	94.9
3	副井井底	30.2	28.6	88.0	25.1	21.6	72.2
4	主井井底	30.4	28.8	88.0	25.8	22.3	74.6

表 6-20(续)

测点编号	测试地点	系统未安装(2013 年 7 月 16 日)			系统运行(2014 年 7 月 31 日)		
		干球温度/℃	湿球温度/℃	相对湿度/%	干球温度/℃	湿球温度/℃	相对湿度/%
5	南部 1#轨道大巷测风站	30.4	28.8	88.0	26.0	23.5	75.0
6	南部 2#轨道大巷测风站	31.0	30.0	93.0	26.2	22.7	73.0
7	一采区轨道下山上部车场	30.6	29.0	89.0	26.8	23.8	76.0
8	一采区轨道下山中部车场	30.6	29.0	89.0	27.4	23.9	76.0
9	一采区轨道下山下部车场	31.0	29.4	89.0	27.6	24.6	77.0

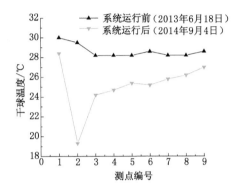

图 6-17 运行前后路线上干球温度变化曲线 1

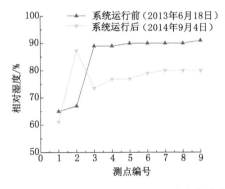

图 6-18 运行前后路线上相对湿度变化曲线 1

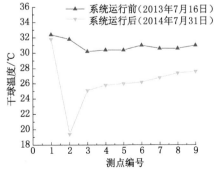

图 6-19 运行前后路线上干球温度变化曲线 2

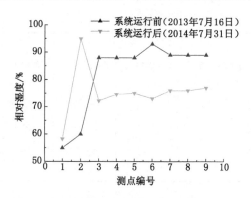

图 6-20　运行前后路线上相对湿度变化曲线 2

通过 7 月 31 日、9 月 4 日的两次测试都是在封闭完成以后进行的。

(1) 主井实测:换热器平均风速为 1.79 m/s,平均风阻为 45.1 Pa,平均漏风率为 8.07%,测试项目达到了风阻不大于 109 Pa 的设计要求。送风平均空气温度 19.3 ℃,相对湿度 89.9%,达到了送风温度 20 ℃,相对湿度 95% 的设计要求。

(2) 副井实测:换热器平均风速为 1.61 m/s,风阻为 24.8 Pa,平均漏风率为 8.69%;测试项目达到了阻力不大于 109 Pa,整体漏风率不得大于 10% 的设计要求。送风平均空气温度 19.34 ℃,相对湿度 91.1%,达到了送风温度 20 ℃,相对湿度 95% 的设计要求。

(3) 机组运行:机组运行稳定,蒸发器平均温度:出水 7.03 ℃、回水 10.23 ℃;冷凝器温度:进水 29.4 ℃、出水 32.5 ℃;达到了机组制冷运行时蒸发器进出口温度(分别为 12 ℃ 和 7 ℃)、冷凝器进出口温度(分别为 32 ℃ 和 37 ℃)的设计要求。

(4) 矿井密封效果对利用无动力空气换热器装置的矿井全风量降温效果的影响至关重要,经过封闭处理,实现无动力的矿井进风全风量降温处理是可行的。

(5) 采取矿井全风量降温系统后,井下降温效果体感明显,较往年有显著改善。地面湿度大致相同的情况下,副井下井口、一采上车场、下车场湿度降幅约 15%;在地面湿度大致相同的情况下,温度降幅在 4~5 ℃,下井口能保持在 26 ℃ 以下,一采下车场(靠近 1307 工作面进风)保持在 28 ℃ 以下。

图 6-17、图 6-19 表明:通过制冷降温后,工作面风流温度下降到了 26 ℃ 以下,满足《煤矿安全规程》的规定要求。地面空气经过降温处理后,可减少进风含湿量 7.8 g/kg,可减少进入空气带入井下的水分为 1 367.4 kg/h,降低井下空气相对湿度。随着系统运转周期的延长,矿井围岩调热功能将得到改善,降温效果更佳。

综上所述,通过空气换热器实际处理风量及经空气换热器处理后的空气状态均达到了设计要求;实现了全风量降温效果,达到治理季节性高温热害的目的。

6.2　新巨龙煤矿工程实践

6.2.1　矿井季节性热害概况

新巨龙煤矿隶属于山东能源新矿集团,矿井位于巨野煤田中南部(图 6-21),井田南北长约 12 km,东西宽约 15 km,面积约 180 km²,地质储量 14.77 亿 t,可采储量 5.1 亿 t,煤种以肥煤和 1/3 焦煤为主,属低灰、低硫、低磷、高发热量、强黏结性的优质稀缺性炼焦煤。

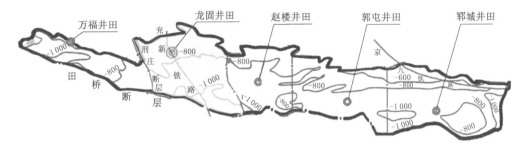

图 6-21　龙固井田划分图

矿井主要热源有地表季节性气温、地温、空气压缩热、大型机电设备散热及氧化放热等多种因素影响。新巨龙公司煤层属正常地温梯度为背景的高温区,地层年恒温带为 50～55 m,温度为 18.2 ℃,平均地温梯度 2.20 ℃/100 m,非煤系地层平均地温梯度 1.85 ℃/100 m,煤系地层平均地温梯度 2.76 ℃/100 m,初期采区大部分块段原岩温度为 37～45 ℃,处于二级热害区域。根据测算,新巨龙公司采煤、掘进工作面空气温度一般在 32～35 ℃。巨野矿区气候温和,属温带季风区海洋～大陆性气候。年平均气温 13.5 ℃,常年最低气温一般在每年的 1 月份,平均最低气温−0.5 ℃,最低气温−19.4 ℃;最高气温一般在每年的 7 月份,月平均气温 27.6 ℃,月平均湿度 80%,日最高气温 41.6 ℃。因此,为确保矿井安全生产和职工的健康,现采取机械制冷降温的方法解决矿井的热害问题。

目前矿井安装使用了两套德国 WAT 公司生产的井下集中式冷水降温系统。降温系统实施后,取得了比较明显的降温效果,但目前存在降温系统制冷能力不足的问题。通过对矿井制冷系统全年运行情况统计表明(表 6-21),现有制冷机组在冬季(1、2、12 月)和春、秋季(3、4、5、6、10、11 月)能满足矿井用能需求,但每年 7 月上旬—9 月下旬 3 个月的时间机组全部运行,仍然不能满足矿井制冷降温需求,采掘活动受到较大影响,严重制约矿井生产效率的提高。

表 6-21　制冷机组全年运行情况对照表

序号	月份	运行机组台数	运行效果
1	12、1、2	5	良好
2	3、4、11	6	良好
3	5、6、10	6	良好
4	7、8、9	7	制冷负荷不足

6.2.2　矿井全风量降温系统

6.2.2.1　矿井冷、热负荷计算

1. 矿井全风量降温需冷量的计算

(1) 室外气象参数

夏季空调总天数:120 d;

夏季平均气温:34.4 ℃;

夏季极端气温相对湿度:72.7%。

（2）室内空气设计参数

夏季矿井井口送风空气温度:20 ℃,相对湿度95%。

（3）冷负荷计算结果

新巨龙矿总进风量30 000 m³/min(主井11 000 m³/min,副井19 000 m³/min),空气处理前后的状态参数如表6-22所列,可处理进风空气所需的冷负荷为:

主井:11 000 m³/min÷60 s×1.131 kg/m³×(101.3−56.0)kJ/kg=9 393 kW

副井:19 000 m³/min÷60 s×1.131 kg/m³×(101.3−56.0)kJ/kg=16 224 kW

$$9\ 393\ \text{kW}+16\ 224\ \text{kW}=25\ 617\ \text{kW}$$

$$Q = G\rho(h_2 - h_1) \tag{6-4}$$

式中　G——体积流量,m³/s;

　　　ρ——空气密度,kg/m³,此处取冷却前空气密度。干球温度34.4 ℃、相对湿度72.7%、99.89 kPa压力的空气密度约1.131 kg/m³;

　　　h_1——冷却前空气(34.4 ℃、72.7%相对湿度)比焓,101.3 kJ/kg;

　　　h_2——冷却后空气(20 ℃、95%相对湿度)比焓,56.0 kJ/kg。

表6-22　夏季制冷计算空气状态参数

室外空气状态参数		处理后空气状态参数	
干球温度/℃	34.4	干球温度/℃	20
湿球温度/℃	30.0	湿球温度/℃	20
焓值/(kJ/kg)	101.3	焓值/(kJ/kg)	56.0
相对湿度/%	72.7	相对湿度/%	95
含湿量/(g/kg)	25.710	含湿量/(g/kg)	14.694
密度/(kg/m³)	1.165	密度/(kg/m³)	1.175
风量/(m³/min)	30 000		
通风降温需冷量/kW	25 617		

当前,根据办公建筑空调实际运行情况,空调制冷负荷约2 000 kW。

综上,系统制冷负荷(井筒通风降温＋建筑空调)合计:

$$25\ 617\ \text{kW}+2\ 000\ \text{kW}=27\ 617\ \text{kW}$$

2. 热负荷计算

竖井、斜井井筒保温,室外温度取历年最低温度。参考菏泽市相关气象参数,井筒保温室外温度取−19.4 ℃。按照相对湿度60%(含湿量0.40 g/kg),大气压力102.06 kPa,空气比焓−18.6 kJ/kg;控制井口进风混合后温度2 ℃,空气比焓3.02 kJ/kg,空气密度1.296 kg/m³,则冬季井筒防冻所需热负荷为:

$$30\ 000\ \text{m}^3/\text{min}÷60\ \text{s}×1.296\ \text{kg/m}^3×(3.02+18.6)\text{kJ/kg}=14\ 010\ \text{kW}$$

6.2.2.2　矿井全风量降温系统工艺

1. 制冷机组配置与工艺

设计选用4台离心式冷水机组,单台机组制冷量6 000 kW,额定输入功率1 022 kW,

2台2 500 kW的离心机组,地面制冷站总制冷量可达到29 000 kW,总制热量达24 000 kW,其中2台2 500 kW离心机组作为全年洗浴用水热源及夏季矿井全风量降温补充制冷。

制冷工况:夏季制冷时,水源热泵机组冷冻水系统及冷却水系统均采用纯净水,其中冷冻水系统为闭式循环,水量基本不损耗。冷却水系统为开式循环,存在夏季蒸发情况,预计需补水量60 m³/h,由矿内纯净水厂供水。目前矿内纯净水厂处理能力90 m³/h,使用水量为19 m³/h,能满足夏季降温补水需求。

制热工况:冬季采暖时,水源热泵机组冷冻水及冷却水系统使用纯净水,且均为闭式循环。冷却水系统通过板式换热器与矿井涌水进行热交换,作为水源热泵热源。冬季矿井涌水需水量为800 m³/h,换热后的矿井水部分直接作为防尘水输送至井底防尘泵房,水量约为300 m³/h,其余矿井水因不能直接排放,需重新排至水处理厂,因此需重新敷设一趟从制冷机房至水处理厂的管路。

制冷机组辅助设备:

① 冷冻水泵:4台(3用1备)

水泵流量:1 760 m³/h;水泵电功率:132 kW;水泵扬程:20 m。

② 冷却水泵:4台(3用1备)

水泵流量:2 160 m³/h;水泵电功率:160 kW;水泵扬程:20 m。

③ 冷却水塔:冷却水塔流量为1 575 m³/h,4组冷却水塔并联使用,便于冷却水流量的分配。

2. 井口换热站

(1) 副井口换热站

副井口设计进风量为19 000 m³/min,对进风空气状态全部进行处理送风空气(温度20 ℃,相对湿度95%)需要的冷负荷为16 224 kW。根据GB 50019—2015,换热器选型应预留0.15~0.25的富裕系数,所以换热器应按18 658~20 280 kW选型。选用46台无动力空气换热器(图6-22),其中4 000 mm×2 200 mm(长×高)42台,单台额定冷量为450 kW,单台额定风量为528 m³/min;其中3 000 mm×2 200 mm(长×高)4台,单台额定冷量为340 kW,单台额定风量为400 m³/min,总制冷量21 260 kW,处理风量23 776 m³/min,表冷器换热总面

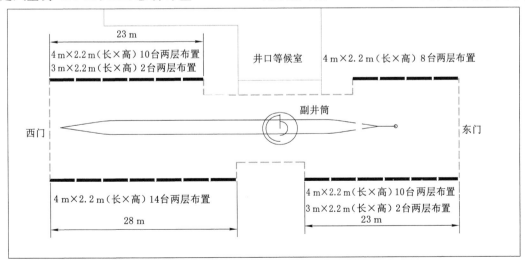

图6-22　副井表冷器平面布置图

积 396 m²。

副井口无动力表冷器安装在副井井筒房北立面及南立面,利用原有空气加热室,拆除原有空气加热器,并对建筑立面进行改造,表冷器采用上下两层安装。

（2）主井口换热站

主井口设计进风量为 11 000 m³/min,对进风空气状态全部进行处理送风空气(温度 20 ℃,相对湿度 95%)需要的冷负荷为 9 393 kW。根据 GB 50019—2015,换热器选型应预留 0.15~0.25 的富裕系数,所以换热器应按 10 802~11 741 kW 选型。选用 26 台无动力空气换热器(图 6-23),4 000 mm×2 200 mm(长×高),单台额定冷量为 450 kW,单台额定风量为 528 m³/min。表冷器额定总制冷量 11 700 kW,处理风量 13 728 m³/min,表冷器换热总面积 228.8 m²。

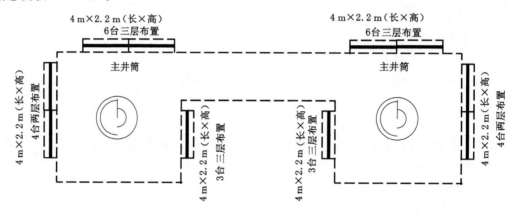

图 6-23　主井表冷器平面布置图

主井口无动力表冷器装在井筒侧壁窗户上,每个窗户安装 4~5 台,台数分布尽可能实现两个主井井筒进风均匀。其中表冷器均配备可调式风叶,可通过调节风叶开合,调节主副井进风量,达到调节矿井进风风量及风压的目的。

（3）井口封闭技术

由于井口构筑物是主要运输通道,为确保通风降温效果,需加强井口构筑物密闭和控制,避免风流通过井架和东西两侧的风门进入。

① 副井封闭方案(图 6-24)

彩钢板或玻璃窗将井筒房四周、井架上顶密封,并在副井东西两侧各设置两道封闭通道,进车侧封闭通道长 30 m,出车侧封闭通道长 28 m。在井筒房的东西两门及封闭通道的端头,设置电动风门。在井口等候室进人入口及出人入口处各安设一道自动门,在人员通行时自动打开,无人员通行时自动关闭,减少等候室热风进入副井房。

每个电动风门各设置一个红外线感应探头,当铁轨车辆运行接近电动风门时,被红外线感应探头检测到后,其对应电动风门开启,待车辆全部通过后,电动风门自动关闭,其后侧对应轨道的电动风门开启,在通过后道门以后,后道门保持关闭。在电动风门开启时,其对应的后道电动风门保持关闭。当电动门失电时,所有电动门处于开启状态。

② 主井封闭方案

主井进风通道主要有主井大门,窗户及胶带机走廊。其中主井大门及窗口可保持常闭

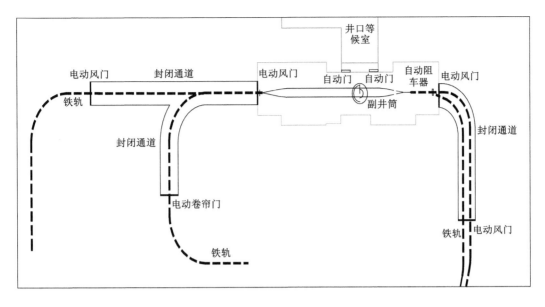

图 6-24　副井井口房封闭示意图

状态,不需额外封闭,主要是输煤廊桥的封闭。廊桥内有输煤胶带及其附属设备,外形不规则。所以只能采用必要的遮挡物将大的行人通道及输煤通道遮挡,减少廊桥不必要的漏风,无法做到完全密封。

6.2.3　降温系统运行分析

对降温系统运行进行测试,主要测试内容:机组运行情况、矿井通风状况和漏风情况等参数,分析制冷效果和漏风量等。

6.2.3.1　机组参数及运行情况

分别开启机组、冷冻水循环泵和冷却水循环泵进行制冷运行,各机组设备的技术参数如表 6-23～表 6-25 所列。

表 6-23　离心机组技术参数

制冷工质	制冷剂量/t	机组质量/t	配用电压/V	机组尺寸 /(m×m×m)	制冷出水 温度/℃	冷却进水 温度/℃	制热出水 温度/℃
R14a	1.321	26.492	10 000	5.2×3.0×3.4	7	32	45
冷水进水 温度/℃	制冷量/kW	制热量/kW	制冷输入 功率/kW	制热输入功率/kW	性能系数 (制冷)	性能系数 (制热)	全年综合 性能系数
19	6 000	6 900	1 044	1 081	5.74	5.8	6.02

表 6-24　冷却塔技术参数

型号	流量/(m³/h)	进(出)水速度 /(m/s)	厂家	配套电机	电压/V
CDW-200ASY	4 000	37(28)	烟台荏原空调设备有限公司	7.5 kW,20 台	380

表 6-25　冷却水循环泵技术参数

型号	流量/(m³/h)	扬程/m	配用功率/kW	转速/(r/min)	厂家	配套电机型号	电机功率/kW	电压/V
SLW400-600C	1 650	31	200	980	上海连成(集团)有限公司	Y2VP-355LE-6S	200	380

分别开启一期 2 组和二期 3 组井下 WAT 机组、一期 2 组和二期 3 组地面冷水辅助降温机组、3 组地面全风量降温机房离心机组的运行情况。表 6-26～表 6-28 为各机组的运行情况参数记录。

表 6-26　井下 WAT 机组运行情况

机组编号	冷冻进水温度/℃	冷冻回水温度/℃	冷冻水流量/(m³/h)	冷却进水温度/℃	冷却回水温度/℃	冷却水流量/(m³/h)	制冷功率/kW
一期 WAT 硐室 1# 机组	3.4～3.8	13.6～15.1	199～202	22.2～24.7	32.3～33.7	288～291	2 513～2 630
一期 WAT 硐室 3# 机组	3.3～4.5	13.9～15.3	188～195	22.7～24.1	28.3～31.1	307～320	2 379～2 591
一期 WAT	流量382～395 m³/h,总冷冻出水 3.6～4.1 ℃						
二期 WAT 硐室 1# 机组	4.2～5.1	16.3～17.4	117～118	27.1～28.1	34.9～35.6	285～295	1 623～1 677
二期 WAT 硐室 3# 机组	4.0～4.5	16.5～17.4	159～160	27.6～28.5	35.3～38.3	300～303	2 311～2 432
二期 WAT 硐室 4# 机组	3.8～4.4	16.6～17.5	181～194	5.4～26.2	33.4～34.2	236～237	2 811～2 949
二期 WAT	流量589～612 m³/h,总冷冻出水 4.1～4.8 ℃						

表 6-27　地面冷却水辅助降温机组运行情况

机组编号	冷冻水出水温度/℃	冷冻水回水温度/℃	冷冻水流量/(m³/h)	冷却水进水温度/℃	冷却水回水温度/℃
地面一期 1# 机组	15～18.6	25.4～24.2	300	30.1～31.4	36.5～38.2
地面一期 2# 机组	16.1～18.5	24.3～25.5	300	30.0～31.3	35.9～37.8
地面二期 1# 机组	18.8～19.6	27.2～27.9	300	30.1～31.3	36.3～37.5
地面二期 2# 机组	20.9～21.9	27.0～27.7	300	30.3～31.5	28.2～39.2
地面二期 3# 机组	18.2～19.1	26.8～27.6	300	30.5～31.5	37.0～38.1

表 6-28　地面全风量降温机房离心机组运行情况

机组编号	冷冻水出水温度/℃	冷冻水回水温度/℃	冷冻水流量/(m³/h)	冷却水进水温度/℃	冷却水回水温度/℃	冷却水流量/(m³/h)
1# 机组	5.8～6.1	9.6～10.4		28.8～30.3	34.3～36.0	
2# 机组	5.8～6.1	9.6～10.4	2 350	28.8～30.3	34.3～36.0	2 900
3# 机组	5.8～6.1	9.6～10.4		28.8～30.3	34.3～36.0	

6.2.3.2　井口降温系统运行状态

空气换热器进风空气参数的变化,对换热器的热交换能力会产生一定的影响,为研究换热器表面流速的变化对空气换热量、出风空气状态参数、传热系数、析湿系数等因素的影响,应用表面式换热器热工性能分析软件对进风空气流速、进风空气状态参数的变化对换热器的热交换能力的影响进行了分析。

1. 空气换热器表面流速的变化

通过减少进入空气换热器空气流量,改变其表面流速 0.8～2.49 m/s,在保持进风空气参数(干球温度 34.4 ℃,相对湿度 72.7%)不变情况下,分析了表面流速的变化对空气换热器出风干湿球、总传热系数和空气侧压降的影响,分析结果如表 6-29 所列和图 6-25～图 6-28 所示。从图表中可以看出,空气换热器表面流速减小时,其空气换热器出风干湿球、总传热系数和空气侧压降都呈下降趋势,其通风降温后空气状态参数能够满足要求。

表 6-29　空气换热器表面流速的变化对出风参数的影响

风量/(m³/min)	表面风速/(m/s)	制冷量/kW	空气侧压降/Pa
1 667	2.49	1 478.00	135.60
1 475	2.21	1 351.54	114.60
1 337	2.00	1 255.60	100.00
1 137	1.70	1 109.14	80.10
933	1.40	949.42	61.10
733	1.10	779.72	44.00
533	0.80	594.92	28.50

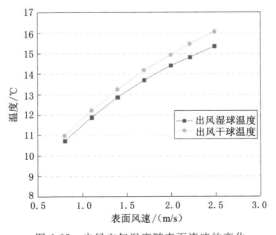

图 6-25　出风空气温度随表面流速的变化

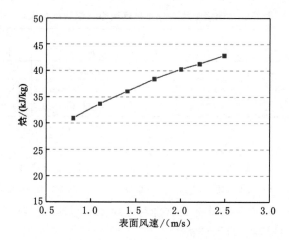

图 6-26　出风空气焓值随表面流速的变化

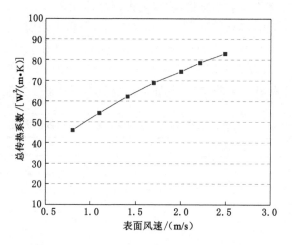

图 6-27　换热器总传热系数随表面流速的变化

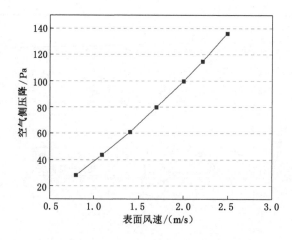

图 6-28　换热器空气侧压降随表面流速的变化

2. 进风空气状态参数的变化

通过降低进入空气换热器空气温度,保持进风空气流量为 1 667 m³/min 不变的情况下,分析了空气换热器进风空气温度对空气换热器出风干湿球、总传热系数和空气侧压降等参数的影响,分析结果见表 6-30、图 6-29～图 6-32。

表 6-30　空气换热器进风温度的变化对出风参数的影响

进风干球温度/℃	进风焓/(kJ/kg)	出风干球温度/℃	出风湿球温度/℃	出风焓/(kJ/kg)	总传热系数/[W/(m²·K)]	空气侧压降/Pa
26	55.48	13.25	12.59	35.57	57.10	129.5
27	58.31	13.49	12.82	36.16	59.85	130.2
28	61.24	13.75	13.06	36.78	62.46	130.7
29	64.27	14.01	13.30	37.41	64.97	131.3
30	67.45	14.27	13.56	38.08	67.44	131.8
31	70.74	14.55	13.82	38.77	69.84	132.2
32	74.12	14.82	14.08	39.47	72.13	132.6
33	77.66	15.11	14.35	40.20	74.42	133.1
34	81.37	15.40	14.63	40.98	76.73	133.5
35	89.39	16.04	15.35	42.97	83.03	135.6

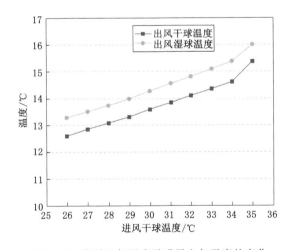

图 6-29　出风空气温度随进风空气温度的变化

从图表中可以看出,空气换热器进风空气温度减小时,其空气换热器出风干湿球温度、总传热系数和空气侧压降都呈下降趋势,其通风降温后空气状态参数能够满足要求。

3. 井筒全风量降温无动力换热器对通风量的影响

(1) 计算依据

气体流动能量方程:

$$P_1 + \gamma Z_1 + (\rho v_1^2)/2 = P_2 + \gamma Z_2 + (\rho v_2^2)/2 + \Delta P \tag{6-5}$$

式中　P_1,P_2——测量点气流静压,Pa;

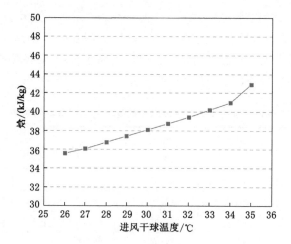

图 6-30　出风空气焓值随进风空气温度的变化

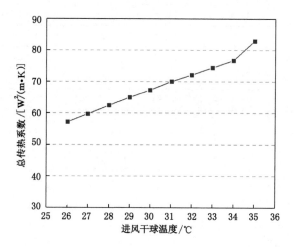

图 6-31　空气总传热系数随进风空气温度的变化

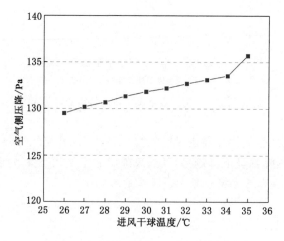

图 6-32　空气侧压降随进风空气温度的变化

ΔP——阻力损失，Pa；

γ——重力密度，N/m^3，等于气体密度 ρ 乘以重力加速度的值9.8；

Z_1,Z_2——测量点位置高度（相对海拔高度），m；

ρ——气体密度，kg/m^3；

v_1,v_2——测量点气体流速，m/s。

根据气体流动能量方程可以推算气体流动损失方程，一般按下式表述：

$$\Delta P = \frac{\rho v^2}{2}\lambda L + \frac{\rho v^2}{2}\sum \xi \tag{6-6}$$

式中 L——沿程风道距离，m；

v——流体流速，m/s；

λ——摩擦阻力系数；

ξ——局部阻力系数。

其中局部阻力损失中，以突缩、突扩引起的损失为主。

对于突缩，遵循：

$$\xi = 0.5 \cdot \left(1 - \frac{A_2}{A_1}\right) \tag{6-7}$$

对于突扩，遵循：

$$\xi = \left(1 - \frac{A_2}{A_1}\right)^2 \tag{6-8}$$

式中 ξ——局部阻力系数；

A_1——初始流道面积，m^2；

A_2——改变后的流道面积，m^2。

（2）井筒房通风阻力损失计算

井筒房房内宽约 8 m，高 12 m；门高约 4 m，宽 5 m，从门洞到井筒井架距离按 40 m。对于 19 000 m^3/min 风量，从大气环境至井筒流通过程损失由三部分组成：环境风进入井筒房两侧门洞，发生突缩，产生局部阻力损失；从门洞进入井筒房，又发生突扩，产生局部阻力损失；然后沿井筒房通道至井筒，产生沿程阻力损失。

对于突缩 ξ_1，按照式（6-8），环境进风可取初始流道面积 A_1 为无穷大，故有 $\xi_1 = 0.5$；

对于突扩 ξ_2，按照式（6-9），门洞进风面积约 20 m^2，井筒房截面积 96 m^2，因此有 $\xi_2 = 0.63$；

门洞内风速为

$$19\ 000\ m^3/min \div 2 \div 60\ s \div 20\ m^2 = 7.92\ m/s$$

井筒房通道内风速为

$$19\ 000\ m^3/min \div 2 \div 60\ s \div 96\ m^2 = 1.65\ m/s$$

因此突缩、突扩局部阻力损失为

$$\Delta P_1 = \frac{\rho v^2}{2}(\xi_1 + \xi_2) = 40.8\ Pa$$

取空气密度 1.15 kg/m^3（对应空气压力为 101 000 Pa，温度为 34.8 ℃）

井筒房沿程损失摩擦系数 λ 一般取 0.015，40 m 的井筒房通道沿程阻力：

$$\Delta P_2 = \frac{\varrho v^2}{2}\lambda L = 0.9\ \text{Pa}$$

综上，从室外环境至井筒井架，通风阻力损失约 41.7 Pa。

（3）全通风降温改造后通风量的变化

室外环境至井筒井架通风阻力损失约 41.7 Pa。也就是说，采用无动力表冷器进行全通风降温，如果维持井筒进风风量不变，总阻力应小于 41.7 Pa。

全通风改造后表冷器局部阻力：

当迎风风速低于 1.1 m/s 时，表冷器的阻力损失在 44 Pa 以下，当迎风风速降至 0.8 m/s 时，阻力仅 28.5 Pa，已远远小于 41.7 Pa。

全通风改造后表冷器局部阻力：

改造后，因表冷器靠近井筒，井筒房沿程距离将变短。按平均值 20 m 计算，井筒房通道沿程阻力：

$$\Delta P_2 = \frac{\varrho v^2}{2}\lambda L = 0.5\ \text{Pa}$$

综上，表冷器迎风风速 1.1 m/s 时，总阻力：44＋0.5＝44.5 Pa；迎风风速降至 0.8 m/s 后，总阻力：28.5＋0.5＝29 Pa。

通过适当增加表冷器面积，将表冷器迎风风速降至 1 m/s 左右，可以保证总阻力不超过 41.7 Pa；如果降至 0.8 m/s，总阻力仅 29.0 Pa，不仅不会减少井筒通风量，还因阻力降低增加通风量。

因此，19 000 m³/min 通风量，表冷器按照不小于 316 m³ 进行配置，可以确保井筒送风风量不减少。

6.2.3.3 漏风情况下主井通风状态参数分析

空气冷却器处理空气时，由于井口构筑物是主要运输通道，构筑物两侧的风门有一定的风量进入，另外井架处有提升设备的缆绳，井架全部封闭有一定的困难，也存在一定的风量进入。因此，在井口构筑物存在漏风的情况下，经过空气换热器处理后的空气和通过风门和井架的漏风相混合后空气的状态参数能否满足矿井进风状态参数的要求，需要经过理论分析。

副井总风量为 19 000 m³/min，假设漏风率为 10%，则通过两侧门洞和井架进入的风量为 1 900 m³/min，进入空气换热器的送风口风量为 17 100 m³/min，经过空气换热器处理后的空气（状态 1：干球温度 20 ℃，相对湿度 95%，风量 17 100 m³/min）与通过两侧门洞和井架进入的空气（状态 2：干球温度 37.8 ℃，相对湿度 58%，风量 1 900 m³/min）混合后的空气状态可通过焓湿计算得出混合后的空气状态参数为：

$$T_3 = 20.5\ ℃,\ \psi_3 = 100\%,\ h_3 = 59.9\ \text{kJ/kg}$$

通过计算混合空气状态点的参数，空气的干球温度有所上升，与要求的矿井进风参数接近，因此在井口构筑物存在漏风的情况下，经过空气换热器处理后的空气和通过风门和井架的漏风相混合后空气的状态参数可以满足矿井进风状态的要求。

通过分析以上结果，夏季经过处理后空气（27 000 m³/min）与室外空气（3 000 m³/min）相混合，得到混风温度约为 20.3 ℃，气流组织和空气温度满足夏季矿井降温要求。

6.3　本 章 小 结

通过对赵楼煤矿和新巨龙煤矿矿井全风量制冷降温系统的设计,确定了合理工艺和参数,选择离心式水源热泵机组和表面式空气换热器,降低进风流温度,消除了矿井由于季节性高温引起热害难题,主要结论如下:

(1) 矿井进风路线上的气温随着地面气温呈现相应周期性变化,通过预算将井口进风空气温度降低到 20 ℃,可使工作面风温满足《煤矿安全规程》要求。

(2) 制冷降温系统需要总冷量为 17 282 kW,选用 4 台离心式水源热泵机组,能够处理 20 000 m³/min 的进风量。系统投资少,维护费用低。

(3) 通过制冷降温后,工作面风流温度下降到了 26 ℃以下,减少了空气带入井下水分 1 367.4 kg/h,含湿量减少,降温效果好。

参 考 文 献

[1] 谢和平,吴立新,郑德志. 2025 年中国能源消费及煤炭需求预测[J].煤炭学报,2019, 44(7):1949-1960.

[2] 袁亮.深部采动响应与灾害防控研究进展[J].煤炭学报,2021,46(3):716-725.

[3] 何国家,阮国强,杨壮.赵楼煤矿高温热害防治研究与实践[J].煤炭学报,2011,36(1): 101-104.

[4] 袁亮.淮南矿区矿井降温研究与实践[J].采矿与安全工程学报,2007,24(3):298-301.

[5] 李飞,周家兴,王金安.深部多场耦合作用的非线性地应力构建方法[J].煤炭学报, 2021,46(增刊 1):116-129.

[6] 何满潮,郭平业.深部岩体热力学效应及温控对策[J].岩石力学与工程学报,2013, 32(12):2377-2393.

[7] 谢和平."深部岩体力学与开采理论"研究构想与预期成果展望[J].工程科学与技术, 2017,49(2):1-16.

[8] 李孜军,徐宇,贾敏涛,等.深部矿井岩层地热能协同开采治理热害数值模拟[J].中南大 学学报(自然科学版),2021,52(3):671-680.

[9] 冯小凯.高温矿井降温技术研究及其经济性分析[D].西安:西安科技大学,2009.

[10] 岑衍强,侯祺棕.矿内热环境工程[M].武汉:武汉工业大学出版社,1989.

[11] 张国枢.通风安全学[M].2 版.徐州:中国矿业大学出版社,2011.

[12] 刘冠男.高温采煤工作面热害机制及风流特性的热-流理论研究与数值模拟[D].徐州: 中国矿业大学,2010.

[13] 舍尔巴尼 A H,等.矿井降温指南[M].黄翰文,译.北京:煤炭工业出版社,1982.

[14] 何权富.矿井热参数测算方法研究[D].焦作:河南理工大学,2010.

[15] STARFIELD A M,DICKSON A J. A study of heat transfer and moisture pick-up in mine airways[J]. Journal of the South African Institute of Mining and Metallurgy, 1967,68(5):211-234.

[16] 刘冠男.高温采煤工作面热害机制及风流特性的热-流理论研究与数值模拟[D].徐州: 中国矿业大学,2010.

[17] 张学博.潮湿巷道围岩散热及风流温度、湿度计算[D].焦作:河南理工大学,2007.

[18] UCHINO K. Study on the prediction of the airflow temperature in underground coal mines[D].Fukuoka:Kyushu University,1974.

[19] 刘桂平,张辉,菅从光.基于井筒低温淋水的矿井降温技术研究[J].煤炭科学技术, 2012,40(9):56-59.

[20] VOST K R. Variation in air temperature in a cross-section of an underground airway

[J]. Journal of the Southern African Institute of Mining and Metallurgy, 1976, 76(12):455-460.

[21] 内野健一,井上雅弘,柳本竹一. 关于基点温度变动场合通气温度计算的研究(日文版)[J]. 日本矿业杂志,1982,98(1131):405-410.

[22] 内野健一,井上雅弘,柳本竹一. 湿润坑道的通气温度及湿度的变化(日文版)[J]. 日本矿业杂志,1982,98(1137):1123-1128.

[23] 柳本竹一,内野健一. 关于坑道周边岩盘中的温度分布及从岩盘放散的热量(日文版)[J]. 日本矿业杂志,1980,96(1104):71-77.

[24] 岑衍强,侯祺棕. 矿内热环境工程[M]. 武汉:武汉工业大学出版社,1989.

[25] INOUE M,UCHINO K. New practical method for calculation of air temperature and humidity along wet roadway: the influence of moisture on the underground environment in mines(2nd Report)[J]. Journal of the Mining and Metallurgical Institute of Japan,1986,102(1180):353-357.

[26] MCPHERSON M J. Subsurface ventilation and environmental engineering [M]. London:Chapman & Hall,1993.

[27] NAKAYAMA S,UCHINO K,INOUE M. Analysis of ventilation air flow at heading face by computational fluid dynamics:analysis of environmental conditions at heading face with auxiliary ventilation(1st report)[J]. Shigen-to-sozai,1995,111(4):225-230.

[28] WANG Y P. Case study on ventilation and cooling control technology of multi heat source coupling in long distance subsea tunnel construction[J]. Case studies in thermal engineering,2021,26:101061.

[29] SASAKI K,MIYAKOSHI H,MASHIBA K. Analytical system for ventilation simulators with skyline nodal pressure method and practical estimate system for underground mine air-conditioning [C]//Proceedings of 26th International Symposium on Application of Computers and Operations Research in the Mineral Industry. [S. l. :s. n.],1996:393-399.

[30] ROSS A J,TUCK M A,STOKES M R,et al. Computer simulation of climatic conditions in rapid development drivages[C]//Proceedings of 6th International Mine Ventilation Congress. [S. l. :s. n.],1997:283-288.

[31] KERTIKOV V. Air temperature and humidity in dead-end headings with auxiliary ventilation[C]//Proceedings of 6th International Mine Ventilation Congress. [S. l. :s. n.],1997:269-276.

[32] MOLONEY K W,LOWNDES I S,STOKES M R,et al. Studies on alternative methods of ventilation using computational fluid dynamics(CFD),scale and full scale gallery tests[C]//Proceedings of 6th International Mine Ventilation Congress. [S. l. :s. n.],1997:17-22.

[33] SHONDER J A,BECK J V. Field test of a new method for determining soil formation thermal conductivity and borehole resistance [J]. ASHRAE transactions,2000,106(1):843-850.

[34] LOWNDES I S,CROSSLEY A J,YANG Z Y. The ventilation and climate modelling of rapid development tunnel drivages [J]. Tunnelling and underground space technology,2004,19(2):139-150.

[35] DANKO G,BAHRAMI D. Application of MULTIFLUX for air,heat and moisture flow simulations[C]//Proceedings of 12th U. S. /North American Mine Ventilation Symposium. [S. l. ;s. n.],2008;267-274.

[36] 左金宝.高温矿井风温预测模型研究及应用[D].淮南:安徽理工大学,2009.

[37] 郭平业.我国深井地温场特征及热害控制模式研究[D].北京:中国矿业大学(北京),2009.

[38] 何满潮,郭平业.深部岩体热力学效应及温控对策[J].岩石力学与工程学报,2013,32(12):2377-2393.

[39] CHOROWSKI M,GIZICKI W,RESZEWSKI S. Air condition system for copper mine based on triseneration system[J]. Journal of the Mine Ventilation Society of South Africa,2012,65(2):20-24.

[40] 王英敏.矿井通风与安全[M].北京:冶金工业出版社,1979.

[41] 杨德源.矿井风流热交换[J].煤矿安全,1980(9):21-27.

[42] 中国科学院地质研究所地热室.矿山地热概论[M].北京:煤炭工业出版社,1981.

[43] 黄翰文.矿井风温预测的探讨[J].煤矿安全,1980(8):7-16.

[44] 黄翰文.矿井风温预测的统计研究[J].煤炭学报,1981(3):50-59.

[45] 余恒昌.矿山地热与热害治理[M].北京:煤炭工业出版社,1991.

[46] 严荣林,侯贤文.矿井空调技术[M].北京:煤炭工业出版社,1994.

[47] 赵以蕙.矿井通风与空气调节[M].徐州:中国矿业大学出版社,1990.

[48] 黄元平.矿井通风[M].徐州:中国矿业学院出版社,1986.

[49] 吴中立.矿井通风与安全[M].徐州:中国矿业大学出版社,1989.

[50] 高建良,张生华.压入式局部通风工作面风流分布数值模拟研究[J].中国安全科学学报,2004,14(1):93-96.

[51] 高建良,张学博.潮湿巷道风流温度及湿度计算方法研究[J].中国安全科学学报,2007,17(6):114-119,179.

[52] 高建良,张学博.潮湿巷道风流温度与湿度变化规律分析[J].中国安全科学学报,2007,17(4):136-139.

[53] 周西华,单亚飞,王继仁.井巷围岩与风流的不稳定换热[J].辽宁工程技术大学学报(自然科学版),2002,21(3):264-266.

[54] 周西华,王继仁,单亚飞,等.掘进巷道风流温度分布规律的数值模拟[J].中国安全科学学报,2002,12(2):19-23.

[55] 周西华,王继仁,梁栋.掘进巷道风流温度场分布规律的研究[J].辽宁工程技术大学学报(自然科学版),2003,22(1):1-3.

[56] 程卫民,王隆平.回采面非均质围岩散热量的电算模型[J].山东矿业学院学报,1990(2):150-158.

[57] 程卫民,靳克祥.围岩与风流辐射换热系数[J].山东矿业学院学报,1992(2):144-148.

[58] 程卫民.采面降温冷量与风量的关系探讨[J].山东矿业学院学报,1992(1):32-35.

[59] 张子平,程卫民.从矿工热舒适出发探讨高温矿井采面配风量[J].煤矿设计,1995(4):17-19.

[60] 侯祺棕,沈伯雄.井巷围岩与风流间热湿交换的温湿预测模型[J].武汉工业大学学报,1997(3):123-127.

[61] 赵运超,梁栋,孙京凯,等.回采工作面空调降温效果的数值分析[J].矿业安全与环保,2007,34(6):18-20,23.

[62] 肖林京,肖洪彬,李振华.基于ANSYS的综采工作面降温优化设计[J].矿业安全与环保,2008,35(1):21-23,91.

[63] 杨伟,孙跃,薛思浩.通风巷道围岩与空气换热的数值模拟[J].黑龙江科技学院学报,2010,20(4):256-259.

[64] 刘何清,吴超.矿井湿润巷道壁面对流换热量简化算法研究[J].山东科技大学学报(自然科学版),2010,29(2):57-62.

[65] LIU G N,GAO F,JI M,et al. Investigation of the ventilation simulation model in mine based on multiphase flow[J]. Procedia earth and planetary science,2009,1(1):491-496.

[66] LIU G N,GAO F,LIU X G,et al. Analysis of the effect of atomizer spray refrigeration in high-temperatured caving face by stochastic model[C]//Proceedings of 2009 Asia-Pacific Conference on Computational Intelligence and Industrial Applications(PACIIA),November 28-29,2009,Wuhan,China.[S. l.]:IEEE,2010:405-408.

[67] 刘星光,高峰,刘冠男.工作面热源分析与热环境预测[J].煤,2010,19(6):35-36,55.

[68] 衡帅,高峰,刘冠男.采煤工作面局部风流雾化降温效果分析[J].金属矿山,2011(7):131-134.

[69] 魏京胜,岳丰田,刘存玉,等.矿用多功能热泵机组制冷供热能级分析及应用[J].煤炭工程,2014,46(6):111-114.

[70] 王浩.高温采煤工作面围岩散热及风温预测数值模拟方法研究[D].北京:中国矿业大学(北京),2018.

[71] 董占元.采煤工作面围岩散热及风温预测数值模拟研究[D].北京:中国矿业大学(北京),2020.

[72] 秦跃平,党海政,曲方.回采工作面围岩散热的无因次分析[J].煤炭学报,1998,23(1):62-66.

[73] 杨伟,郭东升,张树光.煤岩体接触面不同倾角的传热影响[J].煤炭学报,2014,39(7):1257-1261.

[74] 王长彬.不同风量及围岩温度下围岩传热的实验研究[J].煤矿安全,2019,50(9):57-60.

[75] 张一夫,谢倩楠,董子文,等.巷道断面形状对围岩散热规律的影响研究[J].安全与环境学报,2021,21(6):2595-2601.

[76] 郭平业,卜墨华,李清波,等.岩石有效热导率精准测量及表征模型研究进展[J].岩石力学与工程学报,2020,39(10):1983-2013.

[77] 秦跃平,党海政,刘爱明.用边界单元法求解巷道围岩的散热量[J].中国矿业大学学报,2000,29(4):403-406.

[78] 秦跃平,秦凤华,于明学.用有限单元法研究回采工作面围岩散热[J].辽宁工程技术大学学报(自然科学版),1999,18(4):342-346.

[79] 吴世跃,王英敏.湿壁巷道传热系数及传质系数的研究[J].煤炭学报,1993,18(1):41-51.

[80] 吴世跃,王英敏.干壁巷道传热系数的研究[J].铀矿冶,1989,8(4):55-58.

[81] 刘何清,王浩,邵晓伟.高温矿井湿润巷道表面与风流间热湿交换分析与简化计算[J].安全与环境学报,2012,12(3):208-212.

[82] 高建良,魏平儒.掘进巷道风流热环境的数值模拟[J].煤炭学报,2006,31(2):201-205.

[83] 孙勇,王伟.基于Fluent的掘进工作面通风热环境数值模拟[J].煤炭科学技术,2012,40(7):31-34.

[84] 姬建虎,廖强,胡千庭,等.掘进工作面冲击射流换热特性[J].煤炭学报,2013,38(4):554-560.

[85] 吴学慧,孙树欣,陈凡,等.风流与湿润围岩的热-质交换特性及其影响因素研究[J].煤炭科学技术,2018,46(2):187-192.

[86] GUO P Y,SU Y,PANG D Y,et al. Numerical study on heat transfer between airflow and surrounding rock with two major ventilation models in deep coal mine[J]. Arabian journal of geosciences,2020,13(16):1-10.

[87] 陈平.均匀供冷采煤工作面送风器的布置[J].矿业安全与环保,2004,31(4):7-9,1.

[88] 褚召祥,辛嵩,王保齐.回采工作面空冷器组合降温方式试验研究[J].煤炭科学技术,2010,38(11):81-84,107.

[89] 姬建虎,廖强,胡千庭,等.热害矿井掘进工作面换热特性[J].煤炭学报,2014,39(4):692-698.

[90] 亓晓.矿井热环境预测方法研究及数值模拟系统开发[D].青岛:山东科技大学,2010.

[91] 王志光.矿井巷道通风温度、湿度规律的数值模拟研究[D].阜新:辽宁工程技术大学,2011.

[92] ZHU S,CHENG J W,WANG Z,et al. Physical simulation experiment of factors affecting temperature field of heat adjustment circle in rock surrounding mine roadway[J]. Energy sources,part A:recovery,utilization,and environmental effects,2023,45(4):11278-11295.

[93] HUANG P,HUANG W,ZHANG Y L,et al. Simulation study on sectional ventilation of long-distance high-temperature roadway in mine[J]. Arabian journal of geosciences,2021,14(16):1-9.

[94] 马恒,尹彬,刘剑.矿井风流温度预测分析研究[J].中国安全科学学报,2010,20(11):91-95.

[95] 张素芬,杨国栋,秦跃平.高温采面热力特性的研究[J].煤炭科学技术,1991,19(9):30-33.

［96］苗德俊,程卫民,隋秀华.高温矿井采煤工作面进风巷空冷器有效位置的确定[J].中国矿业,2010,19(3):110-112,115.

［97］张培红,董清明,李忠娟,等.深部开采矿井通风系统降温效果分析[J].沈阳建筑大学学报(自然科学版),2013,29(1):127-131.

［98］ZHOU Z Y,CUI Y M,TIAN L,et al. Study of the influence of ventilation pipeline setting on cooling effects in high-temperature mines [J]. Energies, 2019, 12(21):4074.

［99］ZHU S,WU S Y,CHENG J W,et al. An underground air-route temperature prediction model for ultra-deep coal mines[J].Minerals,2015,5(3):527-545.

［100］刘何清.高温矿井井巷热质交换理论及降温技术研究[D].长沙:中南大学,2010.

［101］朱红青,于之江,谭波.矿井风温预测与降温效果分析专家系统应用[J].煤炭科学技术,2007,35(3):80-82.

［102］杨胜强.高温、高湿矿井中风流热力动力变化规律及热阻力的研究[J].煤炭学报,1997,22(6):627-631.

［103］REN T,WANG Z W,ZHANG J. Improved dust management at a longwall top coal caving(LTCC) face:a CFD modelling approach[J]. Advanced powder technology, 2018,29(10):2368-2379.

［104］GONG P,MA Z G,NI X Y,et al. Floor heave mechanism of gob-side entry retaining with fully-mechanized backfilling mining[J].Energies,2017,10(12):2085.

［105］彭担任,隋金峰.采用下行通风防治综采工作面的热害[J].煤矿安全,1998(11):17-18.

［106］曲方,秦跃平.高温矿井采掘工作面的合理布局[J].山西矿业学院学报,1997,15(3):261-267.

［107］杨胜强,王义江,于宝海,等.辅助通风技术改善深部热环境的试验研究[J].采矿与安全工程学报,2006,23(2):173-176.

［108］肖知国,戴广龙,李恩伯.综采工作面降温前后空气状态参数对比分析[J].煤矿安全,2005,36(11):29-33.

［109］樊满华.深井开采通风技术[J].黄金科学技术,2001,9(6):36-42.

［110］王勇.深井热害防治探讨[J].煤矿安全,2003,34(10):38-40.

［111］刘何清,吴超,王卫军,等.矿井降温技术研究述评[J].金属矿山,2005(6):43-46.

［112］陈柳,杨岚.深井降温技术研究述评[J].煤炭技术,2016,35(1):152-154.

［113］朱林.制冷降温技术在平煤四矿的研究与应用[J].煤矿开采,2011,16(2):56-58.

［114］黄书翔,孙京凯,陈金玉.浅谈唐口煤矿降温技术[J].煤矿安全,2007,38(6):63-65.

［115］崔忠,冯英博,曹品伟,等.机械压缩式集中制冰降温技术在煤矿的应用[J].煤矿机电,2012(4):111-113.

［116］胡春胜.孙村煤矿深部制冷降温技术的研究与应用研究[J].矿业安全与环保,2005,32(5):45-47,53.

［117］丁勇军,邵晓伟,张枕薪,等.赵楼煤矿井下集中式水冷降温系统的应用[J].煤炭技术,2011,30(9):77-78.

[118] 何满潮,徐敏.HEMS深井降温系统研发及热害控制对策[J].岩石力学与工程学报,2008,27(7):1353-1361.

[119] 何满潮,郭平业,陈学谦,等.三河尖矿深井高温体特征及其热害控制方法[J].岩石力学与工程学报,2010,29(增刊1):2593-2597.

[120] 郝明奎.徐州矿区深井热能利用和热害治理的研究[J].煤炭科技,2012(2):1-4.

[121] 李红,庞坤亮.周源山煤矿深井降温系统设计[J].制冷与空调(四川),2013,27(5):496-472.

[122] XIN S, WANG W. Research on compressed air and evaporative cooling in the prevention of the mine local thermal disaster[C]//Proceedings of 2010 International Conference on Mine Hazards Prevention and Control. [S. l. :s. n.],2010:610-616.

[123] 张亚平,冯全科,余小玲.分离式热管在矿井降温中的探索[J].煤炭工程,2007,39(1):50-51.

[124] 王景刚,乔华,冯如彬.深井降温冰冷却系统的应用[J].暖通空调,2000,30(4):76-77.

[125] 乔华,王景刚,张子平.深井降温冰冷却系统融冰及技术经济分析研究[J].煤炭学报,2000,25(增刊1):122-125.

[126] 王景刚,乔华,冯如彬,等.深井降温的技术经济分析[J].河北建筑科技学院学报,2000,17(1):23-26.

[127] 郭平业,秦飞.张双楼煤矿深井热害控制及其资源化利用技术应用[J].煤炭学报,2013,38(增刊2):393-398.

[128] 何满潮,乾增珍,朱家玲.深部地层储能技术与水源热泵联合应用工程实例[J].太阳能学报,2005,26(1):23-27.

[129] 何满潮,徐能雄.地热工程一体化非线性设计理论及工程应用[J].太阳能学报,2005,26(5):684-690.

[130] 冯小平,龙惟定.区域供冷系统管网优化设计方法和应用[J].建筑科学,2012,28(增刊2):242-245.

[131] 魏庆丰.动态平衡电动调节阀在板式换热机组中应用[J].山东工业技术,2015(1):3.

[132] 旷金国,王朝晖,罗曙光.区域供冷系统外管网冷量损失分析[J].暖通空调,2021,51(12):16-21.

[133] 郎贵明,高俊明.基于热用户流量控制的二次管网平衡调节的应用分析[J].河北水利电力学院学报,2020(3):37-41.

[134] 陈欣然,黄强,陈志辉,等.分区计量体系下的供水管网建模节点用水量分配[J].净水技术,2021,40(10):70-77.

[135] FENG X P,JIA Z M,LIANG H,et al. A full air cooling and heating system based on mine water source[J]. Applied thermal engineering,2018,145:610-617.

[136] WANG J G,GAO X X,JIAO S L. The application of vortex tube in deep mine cooling [C]//Proceedings of 2009 International Conference on Energy and Environment Technology, October 16-18, 2009, Guilin, China. [S. l.]:IEEE, 2009:395-398.

[137] ZHANG C, ZHANG N N, SUN X K. Numerical simulation of cooling effect of different spray water temperature on coal face based on CFD[J]. IOP conference series: earth and environmental science, 2021, 714(2): 022035.

[138] ZHAO J, LI Y Z. Research on centralized cooling system of coal mine based on fuzzy hierarchical method[J]. IOP Conference series: earth and environmental science, 2021, 631(1): 012058.

[139] 张习军. 蚕庄金矿深部开采降温技术研究与应用[D]. 青岛: 山东科技大学, 2007.

[140] 辛嵩. 矿井热害防治[M]. 北京: 煤炭工业出版社, 2011.

附录　赵楼煤矿风温、湿度预测结果

巷道编号	节点编号		井巷类型	分支风量 /(m³/s)	温度/℃		相对湿度/%		气压/kPa	
	起点	终点			起点	终点	起点	终点	起点	终点
1	1	3	井筒	169.0	14.8	16.1	50.0	51.4	99.000	109.383
2	3	5	巷道	63.4	16.2	16.3	51.2	51.1	109.383	109.369
3	5	6	巷道	51.6	16.3	16.3	51.1	51.0	109.369	109.381
4	6	7	巷道	67.5	16.5	16.8	50.4	49.5	109.381	109.176
5	3	8	巷道	85.3	16.2	16.3	51.2	51.0	109.383	109.353
6	8	9	巷道	16.9	16.3	16.4	51.0	50.6	109.353	109.211
7	9	10	巷道	54.3	16.5	16.6	50.5	50.0	109.211	109.109
8	8	11	巷道	68.4	16.3	16.4	51.0	50.7	109.353	109.502
9	3	12	巷道	25.5	16.2	16.3	51.2	50.8	109.383	109.265
10	5	13	巷道	11.8	16.3	16.4	51.1	50.6	109.369	109.317
11	13	12	巷道	11.8	16.4	16.5	50.6	50.3	109.317	109.265
12	12	9	巷道	37.4	16.4	16.5	50.7	50.4	109.265	109.211
13	14	4	巷道	28.7	16.6	16.8	50.3	49.6	109.521	109.422
14	4	6	巷道	15.8	16.8	17.3	49.6	48.5	109.422	109.381
15	7	10	巷道	41.8	16.8	17.0	49.5	48.8	109.176	109.109
16	7	15	巷道	25.8	16.8	17.1	49.5	48.8	109.176	109.329
17	15	16	巷道	25.8	17.1	17.2	48.8	48.5	109.329	109.315
18	16	17	巷道	24.0	17.2	17.8	48.5	46.9	109.315	109.044
19	10	17	巷道	26.3	16.8	16.9	49.5	49.1	109.109	109.044
20	17	18	巷道	50.5	17.3	18.0	48.1	46.3	109.044	108.711
21	10	19	巷道	69.9	16.8	16.9	49.5	49.3	109.109	109.106
22	19	18	巷道	61.7	16.9	17.3	49.3	48.0	109.106	108.711
23	18	20	巷道	112.4	17.6	19.3	47.2	43.1	108.711	109.713
24	14	11	巷道	53.8	16.6	16.7	50.3	49.9	109.521	109.502
25	11	21	巷道	122.1	16.5	16.6	50.4	50.2	109.502	109.490
26	19	21	巷道	8.4	16.9	17.6	49.3	47.7	109.106	109.490
27	21	22	巷道	130.6	16.7	16.8	50.0	49.7	109.490	109.476
28	22	23	巷道	132.7	16.8	17.0	49.6	49.0	109.476	109.449
34	29	30	巷道	131.9	17.5	17.6	47.9	47.3	109.404	108.564

巷道编号	节点编号		井巷类型	分支风量 /(m³/s)	温度/℃		相对湿度/%		气压/kPa	
	起点	终点			起点	终点	起点	终点	起点	终点
35	30	31	巷道	129.5	17.6	18.2	47.3	46.1	108.564	109.328
36	31	32	巷道	124.0	18.2	18.5	46.1	45.4	109.328	109.649
37	32	33	巷道	118.2	18.5	18.6	45.4	45.2	109.649	109.664
38	33	34	巷道	84.0	18.6	18.8	45.2	44.7	109.664	109.706
39	34	35	巷道	11.4	18.8	19.0	44.7	44.3	109.706	109.706
40	35	36	巷道	4.2	19.0	19.5	44.3	43.2	109.706	109.744
41	36	37	巷道	51.9	19.7	19.7	42.6	42.5	109.744	109.743
42	37	38	巷道	59.2	19.8	19.9	42.4	42.0	109.743	109.791
43	38	39	巷道	58.6	19.9	20.2	42.0	41.4	109.791	109.823
44	39	40	巷道	57.6	20.2	20.5	41.4	40.9	109.823	109.819
45	40	41	巷道	59.2	20.5	20.8	40.9	40.2	109.819	109.813
46	41	42	巷道	59.3	20.8	21.2	40.2	39.6	109.813	109.908
47	42	43	巷道	59.4	21.2	22.5	39.6	37.8	109.908	110.033
48	43	44	巷道	57.8	22.5	22.6	37.8	37.7	110.033	110.031
49	44	45	巷道	56.9	22.6	23.0	37.7	37.1	110.031	110.022
50	45	46	巷道	47.7	23.0	23.1	37.1	36.9	110.022	110.021
51	46	47	巷道	38.2	23.1	23.2	36.9	36.8	110.021	110.020
52	47	48	巷道	31.3	23.2	23.5	36.8	36.4	110.020	110.019
53	48	49	巷道	57.6	24.0	25.5	37.1	35.5	110.019	111.150
54	49	50	巷道	50.1	25.5	26.1	35.5	34.8	111.150	111.307
55	50	51	巷道	47.0	26.1	26.4	34.8	34.4	111.307	111.113
56	51	52	巷道	29.0	26.4	26.7	34.4	34.1	111.113	110.949
57	52	53	巷道	28.6	26.7	26.9	34.1	33.9	110.949	110.872
58	20	55	巷道	64.5	19.4	20.0	43.1	41.9	109.713	109.824
59	55	56	巷道	63.9	20.0	20.1	41.9	41.6	109.824	109.819
60	56	57	巷道	62.4	20.1	20.5	41.6	40.8	109.819	109.810
61	57	58	巷道	44.8	20.5	20.9	40.8	40.1	109.810	109.908
62	58	59	巷道	33.7	20.9	21.5	40.1	39.1	109.908	109.929
63	59	60	巷道	54.0	22.5	24.1	42.2	39.7	109.929	110.021
64	60	61	巷道	39.7	24.1	24.2	39.7	39.5	110.021	110.020
65	61	62	巷道	37.4	24.2	25.0	39.5	38.5	110.020	110.265
66	62	63	巷道	31.3	25.0	27.8	38.5	35.2	110.265	110.475
67	64	63	掘进	5.1	27.8	30.5	35.2	95.7	110.475	110.475
68	248	65	掘进	6.9	29.5	31.4	45.9	95.0	109.585	109.585
69	65	66	巷道	50.4	30.2	30.3	52.6	52.5	109.585	109.596

巷道编号	节点编号		井巷类型	分支风量 /(m³/s)	温度/℃		相对湿度/%		气压/kPa	
	起点	终点			起点	终点	起点	终点	起点	终点
81	78	79	巷道	156.1	33.0	33.0	42.2	42.1	108.257	108.233
89	84	86	巷道	106.3	19.0	19.1	44.2	43.9	109.656	109.720
91	34	87	巷道	72.7	18.8	18.9	44.7	44.4	109.706	109.665
92	87	84	巷道	106.9	18.9	19.0	44.3	44.2	109.665	109.656
93	86	88	巷道	105.5	19.1	20.0	43.9	42.0	109.720	110.304
94	88	89	巷道	78.6	20.0	20.5	42.0	40.9	110.304	109.944
95	89	90	巷道	77.1	20.5	20.8	40.9	40.2	109.944	110.104
96	90	91	巷道	75.5	20.8	21.0	40.2	39.8	110.104	109.885
97	91	92	巷道	39.6	21.0	21.3	39.8	39.5	109.885	110.199
98	92	93	巷道	37.5	21.3	21.5	39.5	39.2	110.199	110.258
99	93	94	巷道	34.6	21.5	22.3	39.2	38.2	110.258	110.375
100	94	95	巷道	25.5	22.3	22.6	38.2	37.9	110.375	110.399
101	95	96	巷道	23.5	22.6	22.7	37.9	37.8	110.399	110.437
102	96	97	巷道	21.4	22.7	22.8	37.8	37.6	110.437	110.424
103	97	98	巷道	21.8	25.9	26.2	61.0	60.2	110.424	110.460
104	98	240	巷道	20.5	26.2	26.6	60.2	59.2	110.460	110.421
105	241	99	掘进	8.0	26.8	30.2	58.4	94.6	109.649	109.649
106	239	97	掘进	8.0	22.9	27.6	37.5	95.7	110.424	110.424
107	242	221	掘进	8.0	26.8	30.2	58.4	94.6	109.649	109.649
110	103	228	巷道	34.1	31.2	31.3	40.6	40.4	109.113	109.134
111	91	104	巷道	36.0	21.0	21.4	39.8	39.4	109.885	110.111
112	104	105	巷道	4.1	21.4	24.3	39.4	36.7	110.111	109.095
113	104	231	巷道	31.9	21.4	22.1	39.4	38.5	110.111	110.068
114	106	107	巷道	1.6	23.8	27.3	37.0	34.8	109.877	109.576
115	107	108	巷道	22.9	30.7	31.1	29.4	28.9	109.576	108.969
119	106	110	巷道	7.2	23.8	25.9	37.0	35.1	109.877	109.877
121	111	110	掘进	7.0	25.9	29.1	35.1	95.7	109.877	109.877
124	115	114	巷道	0.4	21.2	25.0	40.2	37.2	109.522	108.234
125	116	115	巷道	0.4	19.9	21.2	42.4	40.2	109.522	109.522
126	116	114	巷道	4.9	19.9	20.5	42.4	40.8	109.522	108.233
127	117	116	巷道	5.2	18.7	19.9	44.9	42.4	109.649	109.522
128	32	117	巷道	5.7	18.5	18.7	45.4	44.9	109.649	109.649
129	117	79	巷道	0.5	18.7	23.1	44.9	38.6	109.649	108.344
130	95	118	巷道	2.1	22.6	24.4	37.9	36.4	110.399	109.481
131	96	119	巷道	2.1	22.7	24.7	37.8	36.2	110.437	109.493

巷道编号	节点编号		井巷类型	分支风量 /(m³/s)	温度/℃		相对湿度/%		气压/kPa	
	起点	终点			起点	终点	起点	终点	起点	终点
136	122	121	巷道	39.8	30.9	31.0	51.2	50.9	108.933	108.943
141	88	125	巷道	27.0	20.0	20.2	42.0	41.6	110.304	110.315
143	38	126	巷道	0.6	19.9	24.3	42.0	37.5	109.791	108.391
144	126	127	巷道	1.3	24.3	24.9	37.4	37.0	108.391	108.440
145	55	126	巷道	0.6	20.0	24.3	41.9	37.3	109.824	108.391
146	75	127	巷道	37.1	38.1	38.6	42.1	41.2	108.438	108.335
147	39	128	巷道	1.1	20.2	22.4	41.4	38.6	109.823	108.541
148	76	128	巷道	3.1	38.2	38.5	41.9	41.5	108.436	108.436
149	43	129	巷道	1.7	22.5	23.8	37.8	36.9	110.033	109.936
150	129	130	巷道	0.7	23.8	25.7	36.9	35.7	109.936	109.936
151	129	73	巷道	1.0	23.8	26.2	36.9	35.0	109.936	108.849
152	130	131	巷道	1.7	25.1	29.9	36.0	33.4	109.936	110.036
153	131	132	巷道	1.7	29.9	37.9	33.4	30.0	110.036	110.267
154	134	133	巷道	6.1	23.4	25.0	36.7	35.3	109.931	109.931
155	45	134	巷道	9.2	23.0	23.4	37.1	36.7	110.022	109.931
156	134	72	巷道	3.2	23.4	24.4	36.7	35.7	109.931	108.861
157	47	136	巷道	7.0	23.2	23.5	36.8	36.2	110.020	108.874
158	136	71	巷道	2.5	23.5	24.8	36.2	35.3	108.874	108.868
159	136	137	巷道	4.5	23.5	24.4	36.2	35.5	108.874	108.874
160	137	138	巷道	23.8	35.4	35.4	39.4	39.3	108.784	108.784
161	139	138	巷道	27.5	38.0	38.1	38.5	38.4	108.798	108.797
162	140	137	巷道	19.2	38.0	38.1	38.5	38.4	108.798	108.798
163	140	139	巷道	3.3	38.0	38.2	38.5	38.3	108.798	108.798
164	141	140	巷道	22.5	37.8	38.0	38.8	38.5	108.894	108.798
166	142	141	巷道	46.7	37.8	37.8	38.9	38.8	108.919	108.894
168	68	143	巷道	2.6	37.2	37.5	46.4	46.2	109.437	109.986
169	50	143	巷道	3.2	26.1	26.9	34.8	34.1	111.307	110.068
172	147	148	掘进	5.1	30.8	32.4	50.1	95.9	110.260	110.260
173	149	148	巷道	20.2	30.1	30.8	51.6	50.1	110.166	110.260
176	148	152	巷道	9.1	31.7	36.0	61.9	52.0	110.260	110.180
177	152	153	巷道	8.3	36.0	39.8	52.0	44.9	110.180	110.018
178	153	154	采煤	8.5	39.8	46.1	44.9	33.1	110.018	110.129
181	152	155	巷道	1.0	36.0	39.1	52.0	47.3	110.180	110.124
182	155	156	巷道	-6.3	48.6	57.7	29.7	19.6	110.050	110.050
184	157	66	巷道	30.1	47.3	47.4	37.7	37.2	110.323	109.503

续表

巷道编号	节点编号		井巷类型	分支风量 /(m³/s)	温度/℃		相对湿度/%		气压/kPa	
	起点	终点			起点	终点	起点	终点	起点	终点
186	158	157	巷道	17.5	39.9	41.5	40.3	37.8	110.903	110.349
187	159	158	巷道	6.3	38.4	39.2	26.1	25.8	110.613	110.902
188	160	159	巷道	−13.3	26.7	34.4	34.5	31.7	110.502	110.502
189	161	160	巷道	−10.2	26.2	26.7	34.8	34.5	110.452	110.452
190	160	69	巷道	3.0	26.7	27.1	34.5	34.0	110.502	109.440
191	49	161	巷道	7.3	25.5	26.2	35.5	34.7	111.150	110.474
192	162	158	巷道	11.2	40.0	40.4	52.3	51.5	110.726	110.905
193	163	162	巷道	18.7	40.3	40.4	94.5	94.1	110.752	110.740
194	161	163	巷道	17.6	26.2	29.6	34.8	33.1	110.452	110.752
199	164	159	巷道	10.5	37.8	37.9	26.6	26.6	110.597	110.609
200	167	164	巷道	1.0	26.5	33.3	34.4	31.7	110.206	110.637
201	133	167	巷道	6.1	25.0	26.5	35.3	34.4	109.931	110.206
202	167	168	巷道	5.2	26.5	27.1	34.4	34.0	110.206	110.306
203	146	149	掘进	5.6	29.0	31.1	31.8	95.6	110.166	110.166
204	169	65	巷道	50.2	29.4	29.5	46.0	45.9	109.587	109.585
205	170	169	巷道	32.0	30.1	30.3	52.9	52.6	109.320	109.587
206	63	170	巷道	31.7	28.6	29.2	46.6	45.0	110.475	109.320
207	56	40	巷道	1.6	20.1	22.1	41.6	39.2	109.819	109.819
208	57	171	巷道	17.7	20.5	22.0	40.8	38.8	109.810	109.934
209	58	172	巷道	11.1	20.9	21.3	40.1	39.5	109.908	109.945
210	173	172	巷道	9.8	24.6	25.0	56.8	55.9	109.946	109.945
211	171	173	巷道	18.0	24.5	24.6	57.2	56.8	109.934	109.946
212	174	171	掘进	5.0	22.0	27.1	38.8	95.6	109.934	109.934
213	175	176	掘进	7.0	25.0	28.7	55.6	95.2	109.445	109.445
214	173	176	巷道	8.3	24.6	25.0	56.8	55.7	109.946	109.445
215	176	177	巷道	9.4	31.6	33.0	72.6	67.8	109.445	108.973
216	177	178	巷道	7.2	33.0	33.3	67.8	67.0	108.973	109.117
217	178	74	巷道	7.2	33.3	33.4	67.0	66.3	109.117	108.602
222	23	181	巷道	128.9	17.0	17.2	49.0	48.4	109.449	109.422
223	181	29	巷道	128.8	17.2	17.4	48.4	48.0	109.422	109.404
225	181	182	巷道	0.2	17.2	22.0	48.4	40.0	109.422	109.388
227	183	29	巷道	2.5	20.9	24.0	41.1	38.4	109.278	109.404
230	35	37	巷道	7.3	19.0	20.0	44.3	42.1	109.706	109.743
231	93	184	巷道	2.9	21.5	22.7	39.2	38.4	110.258	110.309
232	184	222	巷道	2.9	22.7	24.2	38.4	36.8	110.309	109.339

巷道编号	节点编号		井巷类型	分支风量 /(m³/s)	温度/℃		相对湿度/%		气压/kPa	
	起点	终点			起点	终点	起点	终点	起点	终点
233	90	185	巷道	1.7	20.8	22.7	40.2	38.7	110.104	110.167
234	185	223	巷道	1.7	22.7	24.1	38.7	37.3	110.167	109.170
236	226	120	巷道	2.2	31.2	31.8	55.3	54.2	109.106	109.058
237	33	87	巷道	34.2	18.6	19.0	45.2	44.3	109.664	109.665
238	54	187	巷道	24.0	27.6	27.8	33.2	32.9	110.629	110.578
239	187	149	巷道	19.9	27.8	29.0	32.9	31.8	110.578	110.166
240	249	170	掘进	5.0	29.2	31.4	44.9	95.2	109.320	109.320
243	189	169	巷道	18.1	27.6	27.9	33.2	32.6	110.629	109.587
244	54	189	巷道	18.0	27.6	27.6	33.2	33.2	110.629	110.629
215	51	190	巷道	18.2	26.4	26.9	34.4	34.0	111.113	110.974
246	190	191	巷道	16.4	26.9	27.1	34.0	33.8	110.974	110.923
247	191	53	巷道	16.4	27.1	27.3	33.8	33.7	110.923	110.872
248	190	52	巷道	1.8	26.9	27.5	34.0	33.7	110.974	110.949
249	52	144	巷道	2.3	26.7	27.7	34.1	33.3	110.949	109.825
250	61	192	巷道	2.3	24.2	25.3	39.5	38.5	110.020	110.020
251	192	48	巷道	26.4	24.4	24.5	38.0	37.8	110.020	110.019
252	46	193	巷道	9.5	23.1	23.3	36.9	36.8	110.021	110.021
253	193	192	巷道	24.0	23.9	24.3	38.4	38.0	110.021	110.020
254	60	193	巷道	14.4	24.1	24.4	39.7	39.3	110.021	110.021
255	44	130	巷道	0.9	22.6	24.7	37.7	36.3	110.031	109.936
258	177	194	巷道	2.3	33.0	33.7	67.8	65.6	108.973	108.560
259	20	36	巷道	47.7	19.4	19.7	43.1	42.6	109.713	109.744
262	196	195	巷道	4.4	17.4	18.1	48.3	46.7	109.524	109.524
266	199	196	巷道	0.7	16.5	17.8	50.5	47.5	109.529	109.524
267	200	196	巷道	3.8	17.1	17.4	49.2	48.5	109.524	109.524
268	200	197	巷道	0.4	17.1	20.1	49.2	42.8	109.524	109.390
269	201	200	巷道	4.1	16.6	17.1	50.4	49.2	109.524	109.524
270	199	201	巷道	86.5	16.5	16.6	50.5	50.4	109.529	109.524
271	201	14	巷道	82.4	16.6	16.6	50.4	50.3	109.524	109.521
272	195	204	巷道	2.1	18.1	18.8	46.7	45.1	109.524	109.307
273	204	22	巷道	2.1	18.8	19.8	45.1	43.2	109.307	109.476
274	203	205	巷道	2.7	16.5	16.8	50.4	49.7	109.402	109.402
275	205	206	巷道	0.3	16.8	18.6	49.7	45.8	109.402	109.278
276	206	207	巷道	0.3	18.6	21.5	45.8	40.6	109.278	109.278
277	207	208	巷道	1.3	22.7	23.6	39.7	38.4	109.278	107.566

巷道编号	节点编号		井巷类型	分支风量 /(m³/s)	温度/℃		相对湿度/%		气压/kPa	
	起点	终点			起点	终点	起点	终点	起点	终点
278	208	209	巷道	1.9	22.2	23.5	40.0	38.9	107.566	107.566
279	209	180	巷道	3.7	21.6	21.7	40.9	40.8	107.566	107.566
280	210	209	巷道	1.8	18.5	19.6	45.3	42.9	107.566	107.566
281	210	208	巷道	0.6	18.5	19.3	45.3	43.6	107.566	107.566
282	203	211	巷道	1.6	16.5	18.5	50.4	45.9	109.402	109.402
283	205	210	巷道	2.4	16.8	18.5	49.7	45.3	109.402	107.566
284	183	207	巷道	0.9	20.9	23.2	41.1	39.3	109.278	109.278
285	203	212	巷道	1.8	16.5	18.4	50.4	46.2	109.402	109.402
286	212	213	巷道	3.3	18.7	19.4	45.6	44.1	109.402	109.402
287	211	213	巷道	0.1	18.5	24.0	45.9	39.1	109.402	109.402
288	213	183	巷道	3.4	19.5	20.9	44.0	41.1	109.402	109.278
289	211	212	巷道	1.5	18.5	19.0	45.9	45.0	109.402	109.402
290	4	3	巷道	12.9	16.8	17.2	49.6	48.8	109.422	109.383
291	16	197	巷道	1.9	17.2	27.4	48.5	35.7	109.315	109.390
292	100	102	巷道	9.2	23.6	24.5	36.8	35.9	109.547	109.472
293	214	238	巷道	9.2	23.0	23.2	37.6	37.1	110.451	109.522
294	94	214	巷道	9.1	22.3	23.0	38.2	37.6	110.375	110.451
295	172	215	巷道	20.9	23.0	23.4	48.4	47.7	109.945	109.931
296	215	176	巷道	0.8	23.4	27.3	47.7	43.1	109.931	109.445
297	215	59	巷道	20.1	23.4	24.1	47.7	46.5	109.931	109.929
298	67	144	巷道	20.0	36.9	37.1	47.0	46.7	109.566	109.744
300	53	216	巷道	45.0	27.0	27.2	33.8	33.7	110.872	110.796
301	216	54	巷道	41.9	27.2	27.6	33.7	33.2	110.796	110.629
302	216	217	巷道	3.2	27.2	27.6	33.7	33.1	110.796	109.718
303	217	145	巷道	3.2	27.6	28.1	33.1	32.9	109.718	109.743
304	1	218	井筒	97.6	14.8	16.5	50.0	50.6	99.000	109.530
305	218	203	巷道	6.0	16.5	16.5	50.6	50.4	109.530	109.402
306	218	199	巷道	87.1	16.5	16.5	50.6	50.5	109.530	109.529
309	62	220	巷道	6.3	25.0	26.3	38.5	37.3	110.265	110.244
310	220	168	巷道	4.5	26.3	27.5	37.3	36.4	110.244	110.307
313	99	221	巷道	21.0	29.9	30.2	68.7	67.5	109.649	109.562
314	222	224	巷道	35.0	31.3	31.5	60.2	59.8	109.339	109.276
315	92	224	巷道	2.1	21.3	22.4	39.5	38.5	110.199	109.276
317	223	225	巷道	5.3	29.5	29.6	39.9	39.8	109.170	109.146
319	227	225	巷道	29.4	31.3	31.3	58.5	58.3	109.171	109.146

续表

巷道编号	节点编号		井巷类型	分支风量 /(m³/s)	温度/℃		相对湿度/%		气压/kPa	
	起点	终点			起点	终点	起点	终点	起点	终点
320	227	228	巷道	7.8	31.3	31.5	58.5	57.8	109.171	109.134
322	89	229	巷道	1.7	20.5	21.8	40.9	39.0	109.944	109.005
324	114	230	巷道	5.3	20.8	23.3	40.5	38.3	108.233	108.934
325	230	122	巷道	39.8	30.8	30.9	51.3	51.2	108.934	108.933
327	231	106	巷道	8.7	22.1	23.8	38.5	37.0	110.068	109.877
328	231	232	巷道	23.3	22.1	22.5	38.5	38.0	110.068	110.066
329	232	233	巷道	20.6	22.5	25.0	38.0	35.6	110.066	110.169
330	233	234	采煤	20.9	25.0	29.1	35.6	30.2	110.169	109.910
333	232	235	巷道	2.8	22.5	24.6	38.0	36.2	110.066	108.953
334	168	132	巷道	9.7	27.3	30.1	35.1	32.9	110.306	110.267
335	132	236	巷道	11.5	31.2	31.4	32.7	32.6	110.267	110.304
336	236	237	采煤	11.6	31.4	37.5	32.6	25.6	110.304	110.520
338	238	100	巷道	9.2	23.2	23.6	37.1	36.8	109.522	109.547
339	240	99	巷道	20.6	26.6	26.8	59.2	58.4	110.421	109.649
340	125	243	巷道	24.6	20.2	20.8	41.6	40.6	110.315	110.337
341	243	244	巷道	22.2	20.8	22.4	40.6	38.5	110.337	110.300
342	244	245	采煤	22.5	22.4	26.3	38.5	32.7	110.300	109.766
344	246	163	掘进	5.9	29.6	31.3	33.1	100.0	110.752	110.752
345	247	156	掘进	8.0	27.9	29.8	32.6	100.0	109.526	109.526
348	251	250	巷道	2.5	25.7	26.5	36.6	35.8	109.906	108.817
349	125	251	巷道	0.6	20.2	25.2	41.6	37.3	110.315	109.906